U0263267

"十二五"国家重点图书出版规划项目

中国土系志
Soil Series of China

总主编 张甘霖

海 南 卷
Hainan

漆智平 王登峰 魏志远 著

科学出版社

北 京

内 容 简 介

《中国土系志·海南卷》在对海南省区域概况和主要土壤类型全面调查研究的基础上，进行土壤系统高级分类单元（土纲-亚纲-土类-亚类）的鉴定和基层分类单元（土族-土系）的划分。本书的上篇论述区域概况、成土因素、土壤分类的发展以及本次土系调查的概况、成土过程、诊断层与诊断特性；下篇重点介绍建立的海南省典型土系，内容包括每个土系所属的高级分类单元、分布与环境条件、土系特征与变幅、对比土系、利用性能综述、参比土种和代表性单个土体以及相应的理化性质。最后附海南岛土系与土种参比表。

本书的主要读者为从事与土壤学相关的学科，包括农业、环境、生态和自然地理等的科学研究和教学工作者，以及从事土壤与环境调查的部门和科研机构人员。

审图号：琼 S（2018）029 号

图书在版编目（CIP）数据

中国土系志·海南卷 / 张甘霖主编；漆智平，王登峰，魏志远著. —北京：科学出版社，2018.6

"十二五"国家重点图书出版规划项目

ISBN 978-7-03-057803-7

Ⅰ.①中⋯ Ⅱ.①张⋯ ②漆⋯ ③王⋯ ④魏⋯ Ⅲ.①土壤地理-中国 ②土壤地理-海南 Ⅳ.①S159.2

中国版本图书馆 CIP 数据核字（2018）第 126215 号

责任编辑：胡 凯 周 丹 梅靓雅/责任校对：彭 涛

责任印制：张克忠/封面设计：许 瑞

科 学 出 版 社 出版
北京东黄城根北街 16 号
邮政编码：100717
http://www.sciencep.com

中国科学院印刷厂 印刷

科学出版社发行 各地新华书店经销

*

2018 年 6 月第 一 版 开本：787×1092 1/16
2018 年 6 月第一次印刷 印张：15 3/4
字数：374 000

定价：198.00 元

《中国土系志》编委会顾问

孙鸿烈　赵其国　龚子同　黄鼎成　王人潮
张玉龙　黄鸿翔　李天杰　田均良　潘根兴
黄铁青　杨林章　张维理　郧文聚

土系审定小组

组　长　张甘霖

成　员（以姓氏笔画为序）

王天巍　王秋兵　龙怀玉　卢　瑛　卢升高
刘梦云　杨金玲　李德成　吴克宁　辛　刚
张凤荣　张杨珠　赵玉国　袁大刚　黄　标
常庆瑞　章明奎　麻万诸　隋跃宇　慈　恩
蔡崇法　漆智平　翟瑞常　潘剑君

《中国土系志》编委会

《中国土系志·海南卷》作者名单

主要作者 漆智平　王登峰　魏志远

参编人员（以姓氏笔画为序）

王　华	王汀忠	王登峰	冯焕德	吕丽平
阮　松	孙　娟	杨　帆	杨安富	杜前进
李许明	李　威	李福燕	吴鹏飞	吴露露
余　爱	张冬明	张永发	陈柳燕	武　冲
郑良永	郭　彬	唐树梅	桑爱云	曾　迪
漆智平	魏志远			

顾　　问 龚子同　杜国华

丛 书 序 一

土壤分类作为认识和管理土壤资源不可或缺的工具，是土壤学最为经典的学科分支。现代土壤学诞生后，近150年来不断发展，日渐加深人们对土壤的系统认识。土壤分类的发展一方面促进了土壤学整体进步，同时也为相邻学科提供了理解土壤和认知土壤过程的重要载体。土壤分类水平的提高也极大地提高了土壤资源管理的水平，为土地利用和生态环境建设提供了重要的科学支撑。在土壤分类体系中，高级单元主要体现土壤的发生过程和地理分布规律，为宏观布局提供科学依据；基层单元主要反映区域特征、层次组合以及物理、化学性状，是区域规划和农业技术推广的基础。

我国幅员辽阔，自然地理条件迥异，人为活动历史悠久，造就了我国丰富多样的土壤资源。自现代土壤学在中国发端以来，土壤学工作者对我国土壤的形成过程、类型、分布规律开展了卓有成效的研究。就土壤基层分类而言，自20世纪30年代开始，早期的土壤分类引进美国C. F. Marbut体系，区分了我国亚热带低山丘陵区的土壤类型及其续分单元，同时定名了一批土系，如孝陵卫系、萝岗系、徐闻系等，对后来的土壤分类研究产生了深远的影响。

与此同时，美国土壤系统分类（soil taxonomy）也在建立过程中，当时Marbut分类体系中的土系（soil series）没有严格的边界，一个土系的属性空间往往跨越不同的土纲。典型的例子是Miami系，在系统分类建立后按照属性边界被拆分成为不同土纲的多个土系。我国早期建立的土系也同样具有属性空间变异较大的情形。

20世纪50年代，随着全面学习苏联土壤分类理论，以地带性为基础的发生学土壤分类迅速成为我国土壤分类的主体。1978年，中国土壤学会召开土壤分类会议，制定了依据土壤地理发生的"中国土壤分类暂行草案"。该分类方案成为随后开展的全国第二次土壤普查中使用的主要依据。通过这次普查，于20世纪90年代出版了《中国土种志》，其中包含近3000个典型土种。这些土种成为各行业使用的重要土壤数据来源。限于当时的认识和技术水平，《中国土种志》所记录的典型土种依然存在"同名异土"和"同土异名"的问题，代表性的土壤剖面没有具体的经纬度位置，也未提供剖面照片，无法了解土种的直观形态特征。

随着"中国土壤系统分类"的建立和发展，在建立了从土纲到亚类的高级单元之后，建立以土系为核心的土壤基层分类体系是"中国土壤系统分类"发展的必然方向。建立我国的典型土系，不但可以从真正意义上使系统完整，全面体现土壤类型的多样性和丰富性，而且可以为土壤利用和管理提供最直接和完整的数据支持。

在科技部基础性工作专项项目"我国土系调查与《中国土系志》编制"的支持下，以中国科学院南京土壤研究所张甘霖研究员为首，联合全国二十多所大学和相关科研机构的一批中青年土壤科学工作者，经过数年的努力，首次提出了中国土壤系统分类框架内较为完整的土族和土系划分原则与标准，并应用于土族和土系的建立。通过艰苦的野外工作，先后完成了我国东部地区和中西部地区的主要土系调查和鉴别工作。在比土、评土的基础上，总结和建立了具有区域代表性的土系，并编纂了以各省市为分册的《中国土系志》，这是继"中国土壤系统分类"之后我国土壤分类领域的又一重要成果。

作为一个长期从事土壤地理学研究的科技工作者，我见证了该项工作取得的进展和一批中青年土壤科学工作者的成长，深感完善这项成果对中国土壤系统分类具有重要的意义。同时，这支中青年土壤分类工作者队伍的成长也将为未来该领域的可持续发展奠定基础。

对这一基础性工作的进展和前景我深感欣慰。是为序。

中国科学院院士

2017 年 2 月于北京

丛 书 序 二

　　土壤分类和分布研究既是土壤学也是自然地理学中的基础工作。认识和区分土壤类型是理解土壤多样性和开展土壤制图的基础，土壤分类的建立也是评估土壤功能，促进土壤技术转移和实现土壤资源可持续管理的工具。对土壤类型及其分布的勾画是土地资源评价、自然资源区划的重要依据，同时也是诸多地表过程研究所不可或缺的数据来源，因此，土壤分类研究具有显著的基础性，是地球表层系统研究的重要组成部分。

　　我国土壤资源调查和土壤分类工作经历了几个重要的发展阶段。20 世纪 30 年代至70 年代，老一辈土壤学家在路线调查和区域综合考察的基础上，基本明确了我国土壤的类型特征和宏观分布格局；80 年代开始的全国土壤普查进一步摸清了我国的土壤资源状况，获得了大量的基础数据。当时由于历史条件的限制，我国土壤分类基本沿用了苏联的地理发生分类体系，强调生物气候带的影响，而对母质和时间因素重视不够。此后虽有局部的调查考察，但都没有形成系统的全国性数据集。

　　以诊断层和诊断特性为依据的定量分类是当今国际土壤分类的主流和趋势。自 20世纪 80 年代开始的"中国土壤系统分类"研究历经 20 多年的努力构建了具有国际先进水平的分类体系，成果获得了国家自然科学二等奖。"中国土壤系统分类"完成了亚类以上的高级单元，但对基层分类级别——土族和土系——仅仅开始了一些样区尺度的探索性研究。因此，无论是从土壤系统分类的完整性，还是土壤类型代表性单个土体的数据积累来看，仅仅高级单元与实际的需求还有很大距离，这也说明进行土系调查的必要性和紧迫性。

　　在科技部基础性工作专项的支持下，自 2008 年开始，中国科学院南京土壤研究所联合国内 20 多所大学和科研机构，在张甘霖研究员的带领下，先后承担了"我国土系调查与《中国土系志》编制"（项目编号 2008FY110600）和"我国土系调查与《中国土系志（中西部卷）》编制"（项目编号 2014FY110200）两期研究项目。自项目开展以来，近百名项目参加人员，包括数以百计的研究生，以省区为单位，依据统一的布点原则和野外调查规范，开展了全面的典型土系调查和鉴定。经过 10 多年的努力，参加人员足迹遍布全国各地，克服了种种困难，不畏艰辛，调查了近 7000 个典型土壤单个土体，结合历史土壤数据，建立了近 5000 个我国典型土系；并以省区为单位，完成了我国第一部包含30 分册、基于定量标准和统一分类原则的土系志，朝着系统建立我国基于定量标准的基层分类体系迈进了重要的一步。这些基础性的数据，无疑是我国自第二次土壤普查以来重要的土壤信息来源，相关成果可望为各行业、部门和相关研究者，特别是土壤质量提升、土地资源评价、水文水资源模拟、生态系统服务评估等工作提供最新的、系统的数据支撑。

　　我欣喜于并祝贺《中国土系志》的出版，相信其对我国土壤分类研究的深入开展、对促进土壤分类在地球表层系统科学研究中的应用有重要的意义。欣然为序。

中国科学院院士

2017 年 3 月于北京

丛 书 前 言

土壤分类的实质和理论基础，是区分地球表面三维土壤覆被这一连续体发生重要变化的边界，并试图将这种变化与土壤的功能相联系。区分土壤属性空间或地理空间变化的理论和实践过程在不断进步，这种演变构成土壤分类学的历史沿革。无论是古代朴素分类体系所使用的颜色或土壤质地，还是现代分类采用的多种物理、化学属性乃至光谱（颜色）和数字特征，都携带或者代表了土壤的某种潜在功能信息。土壤分类正是基于这种属性与功能的相互关系，构建特定的分类体系，为使用者提供土壤功能指标，这些功能可以是农林生产能力，也可以是固存土壤有机碳或者无机碳的潜力或者抵御侵蚀的能力，乃至是否适合作为建筑材料。分类体系也构筑了关于土壤的系统知识，在一定程度上厘清了土壤之间在属性和空间上的距离关系，成为传播土壤科学知识的重要工具。

毫无疑问，对土壤变化区分的精细程度决定了对土壤功能理解和合理利用的水平，所采用的属性指标也决定了其与功能的关联程度。在大陆或国家尺度上，土纲或亚纲级别的分布已经可以比较准确地表达大尺度的土壤空间变化规律。在农场或景观水平，土壤的变化通常从诊断层（发生层）的差异变为颗粒组成或层次厚度等属性的差异，表达这种差异正是土族或土系确立的前提。因此，建立一套与土壤综合功能密切相关的土壤基层单元分类标准，并据此构建亚类以下的土壤分类体系（土族和土系），是对土壤变异精细认识的体现。

基于现代分类体系的土系鉴定工作在我国基本处于空白状态。我国早期（1949 年以前）所建立的土系沿用了美国系统分类建立之前的 Marbut 分类原则，基本上都是区域的典型土壤类型，大致可以相当于现代系统分类中的亚类水平，涵盖范围较大。"中国土壤系统分类"研究在完成高级单元之后尝试开展了土系研究，进行了一些局部的探索，建立了一些典型土系，并以海南等地区为例建立了省级尺度的土系概要，但全国范围内的土系鉴定一直未能实现。缺乏土族和土系的分类体系是不完整的，也在一定程度上制约了分类在生产实际中特别是区域土壤资源评价和利用中的应用，因此，建立"中国土壤系统分类"体系下的土族和土系十分必要和紧迫。

所幸，这项工作得到了国家科技基础性工作专项的支持。自 2008 年开始，我们联合国内 20 多所大学和科研机构，先后组织了"我国土系调查与《中国土系志》编制"（项目编号 2008FY110600）和"我国土系调查与《中国土系志（中西部卷）》编制"（项目编号 2014FY110200）两期研究，朝着系统建立我国基于定量标准的基层分类体系迈进了重要的一步。自项目开展以来，近百名项目参加人员，包括数以百计的研究生，以省区为

单位，依据统一的布点原则和野外调查规范，开展了全面的典型土系调查和鉴定。经过
10 多年的努力，参加人员足迹遍布全国各地，克服了种种困难，不畏艰辛，调查了近 7000
个典型土壤单个土体，结合历史土壤数据，建立了近 5000 个我国典型土系，并以省区为
单位，完成了我国第一部基于定量标准和统一分类原则的土系志。这些基础性的数据，
无疑是自我国第二次土壤普查以来重要的土壤信息来源，可望为各行业部门和相关研究
者提供最新的、系统的数据支撑。

　　项目在执行过程中，得到了两届项目专家小组和项目主管部门、依托单位的长期指
导和支持。孙鸿烈院士、赵其国院士、龚子同研究员和其他专家为项目的顺利开展提供
了诸多重要的指导。中国科学院前沿科学与教育局、科技促进发展局、中国科学院南京
土壤研究所以及土壤与农业可持续发展国家重点实验室都持续给予关心和帮助。

　　值得指出的是，作为研究项目，在有限的资助下只能着眼主要的和典型的土系，难
以开展全覆盖式的调查，不可能穷尽亚类单元以下所有的土族和土系，也无法绘制土系
分布图。但是，我们有理由相信，随着研究和调查工作的开展，更多的土系会被鉴定，
而基于土系的应用将展现巨大的潜力。

　　由于有关土系的系统工作在国内尚属首次，在国际上可资借鉴的理论和方法也十分
有限，因此我们对于土系划分相关理论的理解和土系划分标准的建立上肯定会存在诸多
不足乃至错误；而且，由于本次土系调查工作在人员和经费方面的局限性以及项目执行
期限的限制，文中错误也在所难免，希望得到各方的批评与指正！

张甘霖

2017 年 4 月于南京

前　言

为了充分发挥海南省热带土壤资源的潜力，在 20 世纪 50 年代就进行了以选择橡胶宜林地为目的的土壤调查，60 年代和 80 年代进行了两次土壤普查，其间为了发展热带林业、热带作物和农业生产也进行过多种土壤调查，这些工作均对发展海南省的大农业生产起了重要的作用。从 20 世纪 90 年代开始至 2001 年中国科学院南京土壤研究所及中国热带农业科学院的土壤学工作者，对海南岛进行了中国土壤系统分类中的土壤基层分类研究，并于 2004 年编著出版了《海南岛土系概论》一书。

土系是发育在相同母质上，具有类似剖面土层排列的一组土壤。土系是土壤系统分类中最基层的分类单元，土壤基层分类是土壤系统分类的支柱，也是土壤分类与生产应用相结合的桥梁。土系研究水平的高低是土壤分类能否为生产实践所应用的重要标志。所以，各国都十分重视土壤基层分类单元的研究，如美国已建立了 15 300 多个土系，并将各土系的调查分析资料、农业生产状况及田间试验结果进行了存储和利用，已在生产上发挥了巨大作用。

本书是在国家科技基础性工作专项"我国土系调查与《中国土系志》编制"（2008FY110600）的资助下，在《海南岛土系概论》的基础上，以该书中的 77 个土系为标杆，将新采的 367 个土壤剖面调查分析资料进行反复筛选、归纳、提炼、整理和归类形成了 93 个土系。本书在编写过程中遵循中国土壤系统分类的原则和分类体系，做到高级分类单元的一致性、诊断层和诊断特性的一致性、土系概念和划分方法的一致性、描述方法和土层符号的一致性。

全书分上、下两篇，上篇为总论，下篇为区域典型土系，共 10 章。第 1 章为区域概况与成土因素；第 2 章为土壤分类的历史与沿革，介绍海南省土壤分类沿革以及本次调查技术方法和土族土系划分标准；第 3 章为成土过程和主要诊断层及诊断特性，介绍海南省土壤主要成土过程以及出现的诊断层、诊断特性和诊断现象；第 4~10 章分别介绍海南岛人为土、火山灰土、铁铝土、富铁土、淋溶土、雏形土和新成土 7 个土纲的典型土系，从分布与环境条件、土系特征与变幅、代表性单个土体、对比土系以及利用性能综述等方面，按照从高级到基层分类检索的顺序，逐个描述新建的 93 个土系。

本书在编写和出版过程中除了得到中国科学院南京土壤研究所、海南省土壤肥料总站的大力支持外，在此要特别感谢我国土壤分类专家龚子同、梁继兴、张甘霖、杜国华、章明奎、卢瑛、陈鸿昭、陈志诚、赵文君、张学雷、赵玉国等，他们为海南省土壤系统分类做了大量的基础研究工作，为本书的编写奠定了坚实的基础，并提出了宝贵意见。没有他们艰苦卓绝的贡献，就不可能获得今天的成果。

《中国土系志·海南卷》共涉及 7 个土纲、11 个亚纲、22 个土类、32 个亚类，划分出 62 个土族，建立了 93 个土系，覆盖海南岛分布面积较大、农业利用重要性较高和具有区域特色的主要土壤类型。由于本次调查虽然覆盖了海南全岛范围，但尚属点上工作，未及面上铺开，因而未能明确土系分布边界并形成土系图，缺少分布面积统计。然土系志是一个开放的体系，土系内容可随着今后进一步的调查而不断地补充和完善。本书虽经多次的再稿修订，但由于编者水平的限制，错漏不妥之处终是难免，敬请广大读者不吝指正，以期完善！

编　者

2017 年 5 月于儋州

目　　录

丛书序一

丛书序二

丛书前言

前言

上篇　总　　论

第1章　区域概况与成土因素 ··· 3

  1.1　区域概况 ·· 3

    1.1.1　行政建制 ·· 3

    1.1.2　位置与地域 ·· 3

    1.1.3　经济与人口 ·· 3

    1.1.4　气候资源 ·· 4

    1.1.5　土地资源 ·· 5

    1.1.6　作物资源 ·· 5

    1.1.7　植物资源 ·· 6

  1.2　成土因素 ·· 6

    1.2.1　气候 ·· 6

    1.2.2　地形地貌 ·· 7

    1.2.3　成土母质 ·· 8

    1.2.4　植被和利用方式对土壤的影响 ·· 12

    1.2.5　人类活动对土壤的影响 ·· 15

    1.2.6　成土时间对土壤形成的影响 ··· 16

第2章　土壤分类的历史与沿革 ··· 18

  2.1　早期马伯特分类阶段 ··· 18

    2.1.1　20世纪30年代的分类 ·· 18

    2.1.2　20世纪40年代的分类 ·· 18

    2.1.3　20世纪50年代初的分类 ·· 18

  2.2　土壤地理发生分类阶段 ·· 20

    2.2.1　20世纪50年代的分类 ·· 20

    2.2.2　20世纪70~80年代的分类 ·· 21

    2.2.3　两次土壤普查的分类 ·· 22

  2.3　土壤系统分类 ·· 26

    2.3.1　《首次方案》的分类 ·· 26

　　　　2.3.2　《修订方案》的分类 ·· 26
　　2.4　本次土系调查 ··· 27
　　　　2.4.1　依托项目 ··· 27
　　　　2.4.2　调查方法 ··· 27
　　　　2.4.3　土系建立情况 ·· 28
第3章　成土过程和主要诊断层及诊断特性 ································· 29
　　3.1　成土过程 ··· 29
　　　　3.1.1　有机质积累过程 ·· 29
　　　　3.1.2　黏化过程 ··· 29
　　　　3.1.3　脱硅富铝化过程 ·· 29
　　　　3.1.4　氧化还原过程 ·· 30
　　　　3.1.5　潜育化过程和脱潜育化过程 ·· 30
　　　　3.1.6　盐积过程 ··· 30
　　3.2　土壤诊断层与诊断特性 ··· 31
　　　　3.2.1　淡薄表层 ··· 32
　　　　3.2.2　水耕表层 ··· 32
　　　　3.2.3　漂白层 ··· 32
　　　　3.2.4　雏形层 ··· 33
　　　　3.2.5　铁铝层 ··· 33
　　　　3.2.6　低活性富铁层 ·· 33
　　　　3.2.7　水耕氧化还原层 ·· 33
　　　　3.2.8　黏化层 ··· 34
　　　　3.2.9　岩性特征 ··· 34
　　　　3.2.10　石质接触面与准石质接触面 ·· 34
　　　　3.2.11　土壤水分状况 ·· 34
　　　　3.2.12　潜育特征 ··· 34
　　　　3.2.13　氧化还原特征 ·· 35
　　　　3.2.14　土壤温度状况 ·· 35
　　　　3.2.15　腐殖质特性 ·· 35
　　　　3.2.16　火山灰特性 ·· 35
　　　　3.2.17　铁质特性 ··· 36
　　　　3.2.18　铝质现象 ··· 36
　　　　3.2.19　盐基饱和度 ·· 37

下篇　区域典型土系

第4章　人为土 ··· 41
　　4.1　铁聚潜育水耕人为土 ··· 41
　　　　4.1.1　八所系（Basuo Series） ··· 41

4.1.2　和乐系（Hele Series）························43

4.1.3　美汉系（Meihan Series）······················45

4.1.4　感城系（Gancheng Series）····················47

4.1.5　加茂系（Jiamao Series）······················49

4.1.6　南排系（Nanpai Series）······················51

4.1.7　藤桥系（Tengqiao Series）····················53

4.1.8　新联系（Xinlian Series）······················55

4.1.9　遵谭系（Zuntan Series）······················57

4.2　普通潜育水耕人为土····························59

4.2.1　打波系（Dabo Series）························59

4.2.2　黎安系（Li'an Series）························61

4.2.3　南阳系（Nanyang Series）·····················63

4.2.4　育才系（Yucai Series）························65

4.2.5　三道系（Sandao Series）······················67

4.2.6　兰洋系（Lanyang Series）·····················69

4.2.7　木棠系（Mutang Series）······················71

4.3　底潜铁渗水耕人为土····························73

4.3.1　雅星系（Yaxing Series）······················73

4.4　普通铁渗水耕人为土····························75

4.4.1　宝芳系（Baofang Series）·····················75

4.5　漂白铁聚水耕人为土····························77

4.5.1　保城系（Baocheng Series）····················77

4.6　底潜铁聚水耕人为土····························79

4.6.1　加乐系（Jiale Series）························79

4.6.2　提蒙系（Timeng Series）······················81

4.6.3　冲南系（Chongnan Series）····················83

4.6.4　九所系（Jiusuo Series）······················85

4.7　普通铁聚水耕人为土····························87

4.7.1　农兰扶系（Nonglanfu Series）·················87

4.7.2　长坡系（Changpo Series）·····················89

4.7.3　冲坡系（Chongpo Series）·····················91

4.7.4　大安系（Daan Series）························93

4.7.5　光坡系（Guangpo Series）·····················95

4.7.6　利国系（Liguo Series）························97

4.7.7　田独系（Tiandu Series）······················99

4.7.8　畅好系（Changhao Series）···················101

4.7.9　府城系（Fucheng Series）····················103

4.7.10　罗豆系（Luodou Series）····················105

4.7.11　冲山系（Chongshan Series）···107

4.7.12　石坑系（Shikeng Series）···109

4.8　底潜简育水耕人为土···111

4.8.1　北埇系（Beiyong Series）···111

4.8.2　保良系（Baoliang Series）··113

4.8.3　美丰系（Meifeng Series）···115

4.9　普通简育水耕人为土···117

4.9.1　加富系（Jiafu Series）··117

4.9.2　美夏系（Meixia Series）···119

4.9.3　白茅系（Baimao Series）···121

4.9.4　崖城系（Yacheng Series）··123

4.9.5　塔洋系（Tayang Series）··125

4.9.6　龙塘系（Longtang Series）···127

第5章　火山灰土···129

5.1　普通腐殖湿润火山灰土···129

5.1.1　美富系（Meifu Series）··129

5.2　黏化简育湿润火山灰土···131

5.2.1　高龙系（Gaolong Series）··131

第6章　铁铝土···133

6.1　普通简育湿润铁铝土···133

6.1.1　天涯系（Tianya Series）···133

第7章　富铁土···135

7.1　普通简育干润富铁土···135

7.1.1　新让系（Xinrang Series）···135

7.2　表蚀黏化湿润富铁土···137

7.2.1　排浦系（Paipu Series）···137

7.3　普通黏化湿润富铁土···139

7.3.1　邦溪系（Bangxi Series）···139

7.3.2　北芳系（Beifang Series）··141

7.3.3　光村系（Guangcun Series）···143

7.3.4　美扬系（Meiyang Series）···145

7.4　普通简育湿润富铁土···147

7.4.1　龙浪系（Longlang Series）··147

7.4.2　石屋系（Shiwu Series）··149

第8章　淋溶土···151

8.1　普通铁质干润淋溶土···151

8.1.1　报英系（Baoying Series）···151

8.1.2　落基系（Luoji Series）···153

8.2　黄色铝质湿润淋溶土 ··· 155
　　8.2.1　上溪系（Shangxi Series）··· 155
8.3　普通铝质湿润淋溶土 ··· 157
　　8.3.1　细水系（Xishui Series）·· 157
　　8.3.2　好保系（Haobao Series）··· 159
　　8.3.3　加柳坡系（Jialiupo Series）·· 161
　　8.3.4　南开系（Nankai Series）·· 163
　　8.3.5　祖关系（Zuguan Series）··· 165
　　8.3.6　晨新系（Chenxin Series）·· 167
　　8.3.7　南坤系（Nankun Series）··· 169
8.4　铝质酸性湿润淋溶土 ··· 171
　　8.4.1　彩云系（Caiyun Series）·· 171
　　8.4.2　大位系（Dawei Series）··· 173
　　8.4.3　东江系（Dongjiang Series）·· 175
　　8.4.4　高峰系（Gaofeng Series）·· 177
8.5　红色酸性湿润淋溶土 ··· 179
　　8.5.1　白莲系（Bailian Series）·· 179
　　8.5.2　大里系（Dali Series）··· 181
　　8.5.3　和庆系（Heqing Series）·· 183
8.6　铁质酸性湿润淋溶土 ··· 185
　　8.6.1　海英系（Haiying Series）··· 185
　　8.6.2　大茅系（Damao Series）·· 187
8.7　普通铁质湿润淋溶土 ··· 189
　　8.7.1　打和系（Dahe Series）·· 189
　　8.7.2　加钗系（Jiachai Series）·· 191
　　8.7.3　雅亮系（Yaliang Series）··· 193
第9章　雏形土 ·· 195
9.1　普通简育干润雏形土 ··· 195
　　9.1.1　长流系（Changliu Series）·· 195
9.2　普通铝质常湿雏形土 ··· 197
　　9.2.1　青松系（Qingsong Series）··· 197
9.3　酸性紫色湿润雏形土 ··· 199
　　9.3.1　荣邦系（Rongbang Series）··· 199
9.4　黄色铝质湿润雏形土 ··· 201
　　9.4.1　新政系（Xinzheng Series）··· 201
9.5　红色铁质湿润雏形土 ··· 203
　　9.5.1　西华系（Xihua Series）·· 203
　　9.5.2　博厚系（Bohou Series）··· 205

9.5.3　大成系（Dacheng Series）································· 207

9.6　普通铁质湿润雏形土······································· 209
9.6.1　新安系（Xin'an Series）······························· 209
9.6.2　东成系（Dongcheng Series）························· 211
9.6.3　坡寿系（Poshou Series）····························· 213
9.6.4　南丰系（Nanfeng Series）··························· 215
9.6.5　居便系（Jubian Series）····························· 217

9.7　普通酸性湿润雏形土······································· 219
9.7.1　五尧系（Wuyao Series）····························· 219
9.7.2　元门系（Yuanmen Series）························· 221

第10章　新成土··· 223
10.1　普通潮湿砂质新成土··································· 223
10.1.1　白马井系（Baimajing Series）················· 223
10.2　普通干润砂质新成土··································· 225
10.2.1　昌化系（Changhua Series）··················· 225

参考文献··· 227
附录　海南岛土系与土种参比表······························· 229

上篇 总论

第1章 区域概况与成土因素

1.1 区域概况

1.1.1 行政建制

1987 年 12 月,因建省办经济特区的需要,撤销海南黎族苗族自治州。在自治州内建立了琼中黎族苗族自治县、保亭黎族苗族自治县、陵水黎族自治县、昌江黎族自治县、乐东黎族自治县、东方黎族自治县、白沙黎族自治县,三亚市升格为地级市,通什市为县级市。

1988 年 4 月 13 日,第七届全国人民代表大会第一次会议通过《关于设立海南省的决定》和《关于建立海南经济特区的决议》;1988 年 4 月 26 日,中共海南省委、海南省人民政府正式挂牌。从此,海南成为中国第五个经济特区,海南的发展进入了一个崭新的历史时期。海南岛是中国南海上的一颗璀璨的明珠,是仅次于台湾岛的全国第二大岛。海南省是中国陆地面积最小、海洋面积最大的省。

2017 年,海南省现管辖 4 个地级市(海口市、三亚市、三沙市、儋州市)、8 个市辖区、5 个县级市,4 个县、6 个民族自治县、218 个乡镇(含街道办事处,其中 21 个乡、175 个镇、22 个街道办事处)、2651 个村民委员会(含 708 个民族委员会)。

1.1.2 位置与地域

海南省地处中国最南端,位于北纬 3°30′~20°18′,东经 108°37′~111°05′,北以琼州海峡与广东省划界,西临北部湾与越南民主共和国相对,东濒南海与台湾省相望,东南和南边在南海中与菲律宾、文莱和马来西亚为邻。

海南省的行政区域包括海南岛和西沙群岛、中沙群岛、南沙群岛的岛礁及其海域。全省陆地(包括海南岛和西沙、中沙、南沙群岛)总面积 3.54 万 km^2,海域面积约 200 万 km^2。海南岛形似一个呈东北至西南向的椭圆形大雪梨,总面积(不包括卫星岛)3.39 万 km^2,是中国仅次于台湾岛的第二大岛。海南岛与广东省的雷州半岛相隔的琼州海峡宽约 30 km。

1.1.3 经济与人口

2016 年,海南省生产总值完成 4044.5 亿元,比 2015 年增长 7.5%,高于全国 GDP 增速 0.8 个百分点。城镇常住居民人均可支配收入 28 453 元,农村常住居民人均可支配收入 11 843 元。

海南省是一个多民族聚居的大家庭,全省聚居 39 个民族,主要有汉族、黎族、苗族、回族等。2015 年全省常住人口为 910.82 万人。据估计,2015 年在海外的海南乡亲与其后裔（外籍华人）共有 320 多万人，经推算加上第四、五代后裔应有 500 多万人。侨乡文昌海外人口多于岛内居民。当前海南乡亲及其后裔遍布五大洲，尤其以泰国、马来西亚、新加坡、印度尼西亚、越南、美国、加拿大和澳大利亚较多。

1.1.4　气候资源

海南岛地处热带北缘，属热带海洋性气候区，长夏无冬，年均气温 23～25℃，≥10℃的积温为 8200℃，最冷的一、二月份温度仍达 17～20℃，年光照为 1750～2650 h，光照率为 50%～60%，光温充足，光合潜力高。海南岛年均温度空间分布如图 1-1 所示。海南岛入春早，升温快，日温差大，全年无霜，冬季温暖，稻可三熟，菜满四季，是中国南繁育种的理想基地。

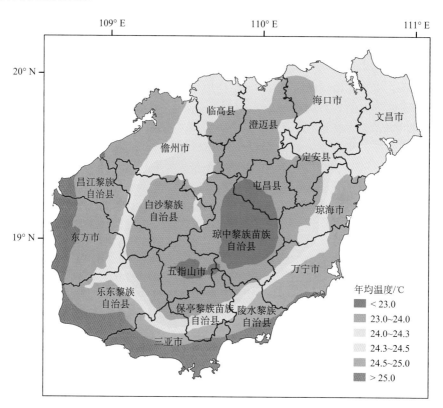

图 1-1　海南岛年均温度空间分布图

海南岛雨量充沛，年均降水量为 1700 mm，有明显的多雨季和少雨季，年均降水量空间分布如图 1-2 所示。每年的 5～10 月份是多雨季，总降水量达 1500 mm 左右，占全年总降水量的 70%～90%，雨源主要有锋面雨、热雷雨和台风雨；每年 11 月至翌年 4 月为少雨季节，仅占全年降水量的 10%～30%，少雨季节干旱常发生。

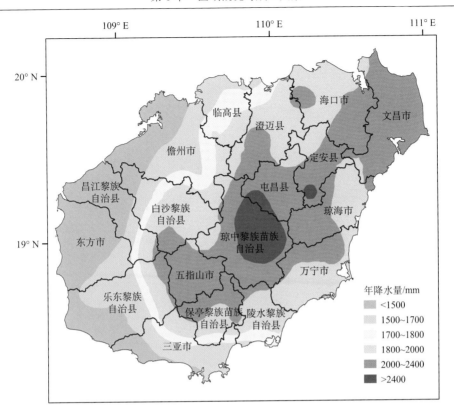

图 1-2　海南岛年均降水量空间分布图

1.1.5　土地资源

海南省土地总面积 353.54 万 hm², 约占全国热带土地面积的 60%。海南省可用于农、林、牧、渔的人均土地面积为 0.39 hm²。因光、热、水等条件优越, 生物生长繁殖速率优于温带和亚热带, 农田可以终年种植, 多数作物每年可收获 2~3 次。按适宜性划分, 海南省的土地资源可分为 7 种类型: 宜农地、宜胶地、宜热作地、宜林地、宜牧地、水面地和其他用地。

海南省农用地 282.66 万 hm², 占土地总面积的 79.95%; 未利用地 41.65 万 hm², 占土地总面积的 11.78%; 建设用地 29.24 万 hm², 占土地总面积的 8.27%。其中, 农用地中耕地面积为 72.76 万 hm², 园地面积为 53.31 万 hm², 林地面积为 148.35 万 hm², 牧草地面积为 1.94 万 hm², 其他农用地面积为 6.29 万 hm²; 未利用地中荒草地面积为 21.57 万 hm², 滩涂面积为 15.87 万 hm², 河流及湖泊水面面积为 4.21 万 hm²。

1.1.6　作物资源

粮食作物是海南省种植业中面积最大、分布最广、产值最高的作物, 主要有水稻、旱稻、山兰稻, 其次是番薯、木薯、芋头、玉米等。经济作物主要有甘蔗、麻类、花生、芝麻、茶等; 水果种类繁多, 栽培和野生果类 29 科 53 属, 栽培形成商品的水果主要有菠萝、荔枝、龙眼、香蕉、柑橘、杧果、西瓜、阳桃、菠萝蜜等；蔬菜有120多个品种。海南岛热带作物资源丰富，岛上原来生长有3000多种热带植物，中华人民共和国成立后，从国外引进1000余种，并从国外野生资源中发掘出1000多种有用植物进行栽培试验，并取得了良好效果。目前，栽培面积较大、经济价值较高的热带作物主要有橡胶、椰子、槟榔、胡椒、剑麻、油棕、咖啡等。

1.1.7 植物资源

海南省的植被生长快，植物繁多，是热带雨林、热带季雨林的原生地。海南岛有维管束植物4000多种，约占全国总数的1/7，其中600多种为海南省所特有。在4000多种植物资源中，药用植物有2500多种；乔灌木有2000多种，其中800多种经济价值较高，20多种被列为国家重点保护的特产与珍稀树木；果树（包括野生果树）有142种；芳香植物有70多种；热带观赏花卉及园林绿化美化树木有200多种。

植物资源的最大藏量分布在热带森林植物群落类型中，热带森林植被垂直分带明显，且具有混交、多层、异龄、常绿、干高、冠宽等特点。热带森林主要分布于五指山、尖峰岭、霸王岭、吊罗山、黎母山等林区，其中五指山属未开发的原始森林。

1.2 成土因素

土壤是历史的自然体。土壤的形成是各种环境因素综合作用的结果。成土母质在一定的气候条件和生物条件作用下，经过一系列的物质交换与能量的转化，逐步产生了土壤肥力，形成了土壤。热带土壤是在热带特定环境条件下，各成土因素共同作用的结果。

1.2.1 气候

海南岛为热带海洋性气候，其特点为：①热量丰富、长夏无冬，年均气温为23～25℃，最冷月平均气温为17～20℃，≥10℃的积温为8200～9200℃，作物全年可生长，但北部冬季偶有霜冻，略有寒害，对热带作物不利。②日照多、辐射强，全岛多年平均日照时数达2177 h，大部分地区全年太阳总辐射量达500～600 kJ/m²，作物光合潜力大。③雨量充沛、降水集中、干湿明显、地区性分配不均，年平均降水量为1700 mm，可满足作物的水分需要，但时空变化大，多数地区年降水量的80%～90%集中于5～10月，干湿季明显，地区性分配不均匀。由于中部山地高耸，构成东北—西南走向的高山屏障，东面迎风面的琼海、万宁、屯昌、琼中年均降水量达2000～2500 mm，处于背风面又有干热风影响的西部地区年降水量不足1000 mm，不利于作物生长。④台风多、风害威胁严重，年平均风速超过3 m/s，其中西部和西南部沿海达3.8～4.7 m/s，每年5～11月为台风季节，以8～10月最多，平均每年受7～9个台风影响，风害威胁严重。

水分和热量不仅直接参与母质的风化过程和物质的地质淋溶等地球化学过程，而更重要的是，它们在很大程度上控制着植物和微生物的生命活动，影响土壤有机质的积累和分解，决定着营养物质的生物学小循环的速度和范围。在其他条件相同的情况下，温度增加伴之而来的是土壤风化速度的加快。风化速度也与降水量有关，因为水分的存在会加快物质的淋溶。总之，高温高湿的气候条件促进岩石和矿物的风化，而寒冷和干燥的环境条件会延缓岩石和矿物的风化。过度湿润有利于有机质的积累，而在干旱和高温条件下，好气微生物比较活跃，有机质易于矿化，不利于有机质积累。一般情况是，降水量增加，土壤黏粒含量增多；土温高，岩石风化作用加强。海南岛属高度湿热地区，硅酸盐类矿物被强烈分解，硅和钾、钠等盐基遭到显著淋失，土壤中多形成高岭石类次生矿物，并含较多的铁铝氧化物，形成了海南的地带性土壤——砖红壤。次生黏土矿物以高岭石、三水铝矿及赤铁矿为主。

1.2.2　地形地貌

海南岛的海拔分布如图 1-3 所示，山地占全岛面积的四分之一，以五指山（海拔 1867 m）、鹦哥岭（海拔 1811 m）为隆起核心，向四周延伸，山地边缘分布着丘陵，其间夹杂着盆地与河谷。海南岛山区海拔每上升 100 m，气温下降 0.6℃，降水量增加 140 mm，不同海拔的山体及其上下部位的气候分异特性为植物群落和土壤类型呈带状更替提供了外界条件。

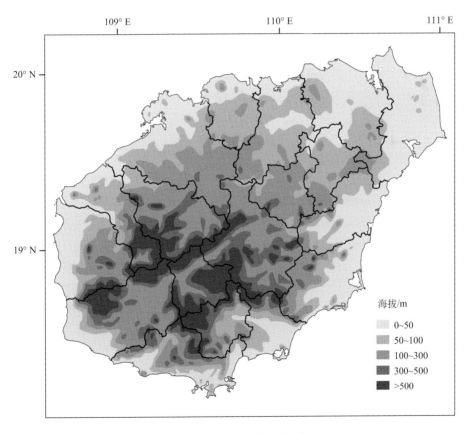

图 1-3　海南岛海拔分布图

　　地形地貌因素对自然条件的多样性和地域分异有着决定性的影响，它对海南岛土壤水平分布的影响主要表现在三个方面：①为反映海南岛热带景观最典型的铁铝土形成创造了条件，海南岛丘陵-盆地及沿海台地、平原的土温在 25.5℃ 以上，属高热土壤温度状况，全岛各地年平均降水量大部分在 1500 mm 以上，为湿润土壤水分状况，部分为常湿润土壤水分状况，高温和高湿相结合，极有利于生物物质循环和风化成土作用的进行；海南岛第四纪未受冰川影响，这里的植被和土壤从新近纪就一直发展下来，经历的时间长，特别是由于环岛沿海平原和海积阶地广布，山前台地发育，并在琼北有大片玄武岩台地，其风化壳厚度可达 10 余米或更厚，如此独特的地貌状况为形成高度富铁铝化作用的铁铝土创造了条件，使它成为反映海南岛热带景观最典型的土壤。②东西部土壤干湿水分状况及土壤发育类型迥然不同，由于五指山雄踞中部，当东南季风活动时，在东部的琼海、万宁、琼中、陵水和保亭一部分地区，特别是海拔 500 m 以上的迎风坡，构成山前多雨带，雨日和雨量均比西部多出一倍以上，形成湿润及常湿润土壤水分状况，土壤风化淋溶作用强，发育有湿润铁铝土、湿润及常湿富铁土和雏形土为主的类型系列；而在五指山西部和西南部背风面，尤其是昌江、东方、乐东和三亚市等沿海地带，受"焚风效应"影响，年降水量仅 700～1000 mm，年日照时数比中部山区多 900 h 以上，为少雨、多日照、强蒸发的半干润土壤水分状况，导致土壤矿物风化和淋溶作用较弱、盐基饱和度较高等特点，土壤虽呈红棕色，仍具有铁质特性，但只发育铁质干润淋溶土和湿润（干润）雏形土为主的类型系列，在土壤高级分类位置上与东部有重大区别。③全岛土壤呈三个环状土带的总体格局，海南岛土壤的水平分布受地貌结构的制约，围绕中部山地呈环带状分布，海拔 20 m 以下的滨海平原、三角洲平原，地形平坦开阔，略有轻微起伏，其上有平缓岗地、长垣形沙脊或各种沙丘分布；海拔 20～400 m 的海积阶地、不同岩性的台地和低丘陵地是自成型土——铁铝土和富铁土的集中分布区，及部分淋溶土、火山灰土及水耕人为土；海拔 400 m 以上的高丘陵、低山、中山地，地表切割破碎，高低起伏明显，地面坡度大，分布着富铁土、淋溶土、雏形土等类型，在海拔 800 m 以上的中山区，气候凉湿，森林郁闭度高，是常湿润淋溶土和雏形土的主要分布区。

1.2.3　成土母质

　　成土母质是岩石风化的产物，在一定成土母质上所发育的任何一种土壤，它的物理、化学和矿物学性状都与母质的性质密切相关。通常，土壤发育时间越短，土壤性状受成土母质的影响越为明显；随着风化成土过程进行越久，土壤性质与原有母质性质的差异就越大，但母质的某些性质仍残留于土壤性状之中，也对土壤的农业利用与管理带来影响。

　　1）成土母质的主要类型及分布状况

　　海南岛成土母质主要有花岗岩、玄武岩、砂页岩、紫色砂页岩、安山岩、石灰岩及河流冲积物、海相沉积物。花岗岩母岩发育的土壤约占土壤总面积的 58.11%，分布于全岛各地；玄武岩风化物发育的土壤所占土壤总面积的比例约为 6.31%，主要分布于琼北地区；砂页岩母岩发育的土壤占土壤总面积的 19.53%，仅次于花岗岩母岩发育的土壤，以白沙黎族自治县、东方市较多，保亭黎族自治县、陵水黎族自治县等地较少；紫色砂页岩母岩发育的土壤占土壤总面积的 1.63%,分布于白沙黎族自治县、琼中黎族苗族自治县等地;安山岩母岩发育的土壤占土壤总面积的 2.65%,分布于三亚市、保亭黎族苗族自治县和乐东黎族自治县;石灰岩母岩发育的土壤占土壤总面积的 0.46%,零星分布于东方市、昌江黎族自治县、琼中黎族苗族自治县、三亚市;河流冲积物母质发育的土壤占土壤总面积的 2.23%,主要在南渡江、万泉河、陵水河、藤桥河、宁远河、望楼河、昌化江下游两岸及小三角洲地区,是肥力肥沃的粮产区;海相沉积物发育的土壤占土壤总面积的 9.08%,分布于各市县沿海平原。

2) 不同母岩对土壤形成的影响

玄武岩、安山岩等暗色铁镁基性岩风化的母质,含石英颗粒较少,黏粒含量高,富铁、镁等基性矿物,颜色较暗,质地较均一,盐基含量高,矿质养分较丰富。花岗岩、流纹岩等浅色硅质结晶岩风化的母质,含石英颗粒较多,黏粒含量也高,但颗粒大小不均匀,含铁、镁等基性矿物较少,富钾而贫磷素。浅海沉积物母质一般质地较轻,含不等量石砾,透水性良好,土层厚,底土常见有铁质结核体。石英岩、云母片岩等变质岩风化的母质,由于岩性的差异,其颗粒组成及质地不均匀。如石英岩风化物含石英颗粒多,质地轻、透水性良好、矿质养分少;而云母片岩则相反。此外,由紫色砂页岩、石灰岩风化的母质,质地均较黏重,透水性较弱,土壤通常残留其岩性特征,因而土壤发育较为年幼。

3) 不同年代母质对土壤形成的影响

海南岛具有自更新世早期(Q_1)、中期(Q_2)、晚期(Q_3)及全新世(Q_4)喷发的玄武岩和火山角砾岩及火山灰,其上所发育的土壤具湿润土壤水分状况,但由于成土因素作用程度不同,土壤景观单元及土壤性质存在很大差异(张仲英等,1987):①对土壤颜色的影响,Q_1 期玄武岩风化母质上发育的土壤色调呈暗红色(在湿润偏向常湿润水分状况的土壤偏黄),Q_2 期的由暗红棕向棕色变化,Q_3 期的偏棕色,Q_4 期的土壤色调偏黑。而随着风化成土时间的延长,pH 降低而黏粒含量增高。②对土壤中游离铁含量的影响,随着成土时间延长,铁游离度增高,在 Q_1-Q_3 玄武岩风化母质上发育土壤的游离铁含量均高于 100 g/kg,K_2O 含量相对较低,黏土矿物由高岭石、三水铝石、赤铁矿组成,而 Q_4 期的土壤游离铁含量较低,K_2O 含量较高。③对土壤阳离子交换量的影响,随着成土时间延长,土壤黏粒 CEC_7、黏粒 ECEC 明显减小。Q_1 期玄武岩风化母质上发育的土壤黏粒 CEC_7 和黏粒 ECEC 分别小于 16 cmol(+)/kg 和 12 cmol(+)/kg,而 Q_2、Q_3、Q_4 期的土壤黏粒含量相对较高(表 1-1)。

海南岛的浅海沉积物广为分布,虽同属浅海沉积物,但沉积时期有早、中、晚之分。研究表明,随着风化成土年龄的增加,土壤发育程度相应提高。更新世晚期(Q_3)的为橙色,更新世中期(Q_2)及更新世早期(Q_1)的向红棕色变化,其黏粒及游离铁含量有相应逐渐增高的趋势,而 pH、K_2O 含量、盐基饱和度及黏粒 CEC_7 和 ECEC 有明显降低(表 1-2),土壤发育类型也有明显差异,由此可见成土年龄对土壤发育的深刻影响。

表 1-1　玄武岩母质上发育土壤的一般特性和黏土矿物（龚子同等，2004）

单个土体号	地点	玄武岩年代	成土年龄 (×10⁴ a B.P.)	层次	干态颜色	pH (KCl)	黏粒 <0.002mm (g/kg)	K₂O (g/kg)	游离铁 Fe₂O₃ (g/kg)	铁游离度 /%	CEC₇	ECEC	主要黏土矿物
											/[(cmol(+)/kg 黏粒)]		
H18	澄迈县福山	Q_1^1	—	B1	红棕	4.1	695	0.9	111.2	55	10.1	2.7	—
C1	澄迈县福山	Q_1^1	—	B1	—	—	844	2.2	143.7	88	11.3	2.3	高岭石、赤铁矿、三水铝石
玄-6	琼山	Q_1^1	—	B	—	—	579	1.1	193.3	78	6.2	5.5	高岭石、赤铁矿、三水铝石
HW02	儋州市新盈农场	Q_1^1	181±8	B2	红棕	4.5	608	2.1	167.3	66	6.0	2.2	三水铝石、赤铁矿、高岭石
HE11	琼山三门坡	Q_1^1	148±16	B2	亮红棕	4.2	614	4.2	147.8	64	6.0	3.4	高岭石、三水铝石、针铁矿
HE10	琼山云龙	Q_1^1	133±18	B2	红棕	4.8	601	2.7	148.2	66	8.2	2.7	三水铝石、赤铁矿、针铁矿
H15	文昌县蓬莱	Q_1^1	—	B1	红棕	3.9	606	0.9	122.3	55	9.8	3.1	高岭石、三水铝石、赤铁矿、针铁矿
HW04	儋州德义岭	Q_2^1	—	B	暗红棕	3.9	566	4.1	131.7	62	28.1	14.5	高岭石、赤铁矿
H16	定安龙堂	Q_2^2	—	B	暗红棕	4.8	437	3.1	107.0	59	40.9	16.6	—
HE05	定安石坡	Q_2^2	14.6±0.9	(B)1	棕	5.0	362	—	141.8	61	34.0	17.4	高岭石
HW03	儋州洋浦	Q_3^3	9.0±2.0	AC	棕	4.7	454	3.2	123.3	58	48.7	32.7	高岭石
玄-4	琼山永兴	Q_4^1	—	B	红棕	6.4	310	4.9	67.6	40	72.3	47.0	水铝英石、高岭石
HW10	琼山永兴	Q_4^1	1.3±0.93	AC	黑棕	—	185	4.0	54.6	37	—	—	高岭石、水铝英石
HE09	琼山十字路	Q_4^1	—	AC	黑棕	—	331	1.9	104.5	46	—	—	高岭石

表 1-2　浅海沉积物母质发育土壤的一般特性和交换性能（龚子同等，2004）

单个土体号	地点	沉积物年代	层次	干态颜色	pH(KCl)	黏粒<0.002mm/(g/kg)	K₂O/(g/kg)	盐基饱和度/%	游离铁Fe₂O₃/(g/kg)	铁游离度/%	CEC₇/[(cmol(+)/kg 黏粒)]	ECEC/[(cmol(+)/kg 黏粒)]	土壤类型（土系举例）
HE08	琼山甲子镇	Q_1	B1	亮红棕	3.2	431	2.46	27.19	83.09	56.62	13.46	7.42	腐殖简育湿润铁铝土（中堂系）
			B2	亮红棕	3.3	370	2.57	26.89	92.19	47.46	14.67	7.85	
			B3	亮红棕	3.3	516	2.95	25.23	82.27	56.28	10.52	6.29	
			B4	亮红棕	3.3	399	3.52	28.81	81.34	55.31	13.48	6.62	
HE12	文昌新桥圩	Q_1	B1	红棕	3.6	519	2.62	30.33	106.87	86.12	8.77	3.14	普通暗红湿润铁铝土（新桥圩系）
			B2	红棕	3.8	493	2.45	45.52	117.84	81.30	8.82	4.68	
HW06	儋州新州镇	Q_2	B1	橙色	3.2	180	7.02	34.88	18.88	74.30	14.33	12.00	普通简育湿润铁铝土（新州系）
			B2	橙色	3.2	185	8.09	42.49	22.60	77.21	18.70	14.76	
			B3	橙色	3.1	346	7.26	29.12	31.50	90.18	12.80	11.71	
HE06	定安城关镇	Q_3	B1	橙色	3.2	386	4.31	35.54	39.42	52.67	9.4	6.5	盐基简育湿润铁铝土（下洋坡系）
			B2	橙色	3.1	259	4.98	41.92	41.61	51.64	11.03	9.2	
HW15	昌江乌烈镇	Q_3	B1	橙色	4.7	109	5.23	61.91	16.99	85.59	50.83	32.84	普通铁质干润雏形土（乌烈系）
			B2	橙色	4.6	147	8.14	56.33	25.04	70.56	46.73	27.14	
			B3	橙色	4.6	230	7.19	52.22	32.35	87.22	34.22	18.39	

1.2.4 植被和利用方式对土壤的影响

1）林地对土壤形成的影响

热带林地群落组成复杂，没有明显的优势种，每公顷林地上的乔木种在 100 种以上。其独特的生境特点、丰富的生物多样性和重要的生态系统功能，决定了林下土壤有区别于草地土壤和红树林土壤。据吊罗山、尖峰岭和黎母山的定位观测资料（黄全等，1991；蒋有绪和卢俊培，1991；吴仲民等，1994），雨林区的地上部分生物现存量达 507～645.2 t/hm²（包括凋落物现存量）。年凋落物量在季雨林为 9660 kg/(hm²·a)，原生雨林为 9180 kg/(hm²·a)，更新雨林为 8860～9320 kg/(hm²·a)（表 1-3）。

表 1-3　不同林型生物量和凋落物量

林型	地点	地上部分现存生物量 /(t/hm²)	凋落物量 /[kg/(hm²·a)]
季雨林	吊罗山	—	9660
	吊罗山	—	8860
雨林	尖峰岭	645.2	9180
	尖峰岭	—	9320
	黎母山	507.2	—

凋落物的分解速率总的来看是雨季比旱季快。其中季雨林的凋落物量多，但分解速度快，而雨林的凋落物量虽较少，但分解速度较慢，积累相对较多（赵其国等，1991）。由于森林每年都有大量凋落物分解后归还土壤，其灰分的归还量达 793.0～1123.0 kg/(hm²·a)，氮素达 90.3～115.7 kg/(hm²·a)（表 1-4），季雨林比雨林高。凋落物和灰分元素源源不断地补充到土体中，改善了林地土壤的水湿条件，有机质含量也较高，且有一定肥力基础。

表 1-4　森林凋落物元素归还量　　　　　　　　　　[单位：kg/(hm²·a)]

林型	SiO₂	Fe₂O₃	Al₂O₃	CaO	MgO	TiO₂	MnO	K₂O	Na₂O	P₂O₅	N	合计
季雨林	661.7	3.4	32.8	156.1	74.0	0.6	7.8	55.2	4.2	11.0	115.7	1123.0
雨林	431.5	4.2	56.6	77.1	77.1	0.4	6.2	35.7	8.4	6.2	90.3	793.0

2）草地对土壤形成的影响

海南岛的草地多属于原生植被遭破坏后演替而成的一般灌丛草地（伍世平，1990；郑坚端，1992），其中有高草、中草、矮草之分。这些草地不具有以上林地的特点，因为它们的根系浅而数量少，且多集中于土壤上层，土壤底层的灰分营养元素重返表层也少。草地覆盖度虽大，但是阳光仍可直接照射至地表，水分容易从土壤表层蒸发，土壤中水分的储量少。另外，一些草地易成地表径流，土壤表层所含水分经常较林地少，加之生物分解作用较强，土壤有机质含量较林地低，其灰分营养元素含量也较林地少。

3）红树林对土壤形成的影响

红树林是热带植被的特征之一。生长在沿海静风的港湾泥滩、河口湾的冲积新成土及潟湖海岸潮间带中、高潮滩，绝大部分为灌丛林，具有强大而密集的支柱根和板状根，高度为 1～6 m，个别为 10～12 m，郁闭度 50%～80%，林下植物稀少，只有稀疏的幼苗，主要树种有红树、木榄、红海榄、海莲等。红树植物通过固定太阳能，吸收无机盐，特别是选择吸收海水和海涂中含量较高的硫素而使体内含硫。红树植物一般含硫量为0.2%～0.5%。

红树植物每年有大量凋落物。据对海南岛海莲红树群落进行连续四年（1984 年 1 月～1987 年 12 月）的凋落物动态研究表明：在保护良好的河港海滩上，海莲红树群落的年凋落物量高达 1255 g/(m²·a)，是热带地区凋落物量最大的群落类型之一。四年平均凋落物各组分占总量的比例为：叶 64.32%、花 10.63%、果 21.34%、枝 3.71%。红树植物还有阻浪促淤的作用，其林下泥砂沉积量每年每公顷为 573.9 kg，约为无林泥滩的 3 倍（林鹏和王恭礼，1990；林鹏和林光辉，1991）。其残体逐渐被埋藏于土体中，形成红树残积层（即木屎层），在氧化条件下形成硫酸铁和硫酸，使土壤呈强酸性，成为该类土壤开发利用中的重要限制因素。

生长红树植物的土壤中有机质和氮素含量也较高，磷含量一般较低，而钾含量也不高，并含有盐分，发育的土壤为含硫潮湿正常盐成土。当红树植被遭到破坏或开垦利用后，在人为引水洗盐及耕作管理措施下，土壤酸度及有机质、全氮、全磷含量和含盐量锐减，土壤性状逐步改善，演化为含硫暗沃正常潜育土或普通暗沃正常潜育土，土壤生产力相应提高。鉴于红树林对保护沿海生态及发展天然的水产养殖具有重大意义，应加以保护、恢复和发展。

4）橡胶林对土壤形成的影响

橡胶树宜栽在有机质丰富、土层深厚并肥沃的酸性土壤上，也是热带地区的适生树种，但种植橡胶树后经过割胶及有关土壤管理，将对土壤肥力带来影响。首先，橡胶树年凋落物比雨林少 6.4 倍，但氮、磷、钙比雨林分别高 38.3%、61%、58.7%，只有钾、镁略低于雨林（表 1-5）。橡胶树是高大乔木，经济寿命长达 30 年，在其生长过程中需从土壤中吸收大量矿物质养分，而养分的消耗主要是随胶乳带走或在花果、枝、叶凋落物中或累积于茎和根中。若将养分消耗量相加，每公顷每年约需氮素 135 kg、磷素 10.65 kg、钾素 82.05 kg、镁素 21.15 kg，显然橡胶树总的养分消耗高于凋落物归还土壤的养分（陆行正和黄宗道，1983）。因此，植胶初期，胶园土壤肥力下降，待橡胶树成林形成稳定人工林系统后，橡胶林本身的残体及凋落物归还土壤的养分随之增多，胶园土壤肥力才较只靠自身营养物质循环的一般林地要高。

表 1-5　橡胶林、雨林的凋落物及养分元素含量比较

林型	年凋落物量/[kg/(hm²·a)]	灰分总量/(kg/hm²)	氮/(kg/hm²)	磷/(kg/hm²)	钾/(kg/hm²)	钙/(kg/hm²)	镁/(kg/hm²)
橡胶林	1135.6	—	146.3	15.9	22.9	186.8	66.8
雨林	8860.0	793.9	90.3	6.2	35.7	77.1	77.1

覆盖植物对土壤物理性状也有影响。禾本科植物对土壤结构的改善主要在表土，而豆科覆盖对底土影响较明显。所以，采取豆科和禾本科混合覆盖对土壤理化性状的改善会更合理些。

胶园间作也影响着土壤养分转化和地力的发挥。由于胶园间作后，加强田间除草施肥管理，间作区的橡胶树生长量比不间作的大 13%～41%，其中胶茶间作的四年前后，土壤（0～40 cm）有机质含量较稳定，全氮含量有所波动，全磷和有效磷含量不同程度地降低，而速效钾含量明显提高。间种矮化胡椒的橡胶树比不间种的提前半年左右割胶，开割率提高 16%，干胶产量比对照提高 10%左右。土壤含水量间种比对照提高 3%～6%，有机质比对照提高 0.53%。

橡胶树树干高大，叶片密集，特别是当胶园成龄并间作一些耐荫性经济作物后，胶树和行间作物形成 2～3 层植物群落生态环境，除逐步恢复类似天然林地的物质循环外，还对胶园小环境气候条件有所改善。

5）游耕对土壤形成的影响

游耕是世界热带森林开发利用时所习惯用的方法。它除了破坏森林，恶化小气候外，还有下列四个方面的土壤负效应：①土壤物质归还量减少，归还元素除钾在耕垦期尚高外，氮素和钙素都较低（表 1-6）；②水土流失加剧，耕垦期水土流失量比林地大 25 倍，固体流失量达 590 倍，径流含砂率达 33 倍，表土被破坏厚度年均 2 cm；③土壤水文状况恶化，以 100 cm 土层计，约比林地贮水量少 25.4 mm，上部土层（0～10 cm）贮水量减少 2%～4%，另一方面深层输水涵贮能力减弱，反映在 100 cm 土层的渗透量只有林地的 42%，30 cm 土层的渗透量增至 85%，到表层渗透量可大于林地，但各层渗透率都小于林地；④土壤肥力减退，表现在表土层变薄并砂化，地表粗砂成层，土壤容重值增大，通透性能降低。耕垦期始末三年，表土层（10～20 cm）养分减少量为：有机质 7910 kg/hm²、全氮 1808 kg/hm²、速效钾 318 kg/hm²。刀耕火种所引起的危害受到人们注意，这种原始的生产方式在热带地区常有发生，关键在于做好水土保持工作，综合利用土地，使生物物质在累积过程中能保持生态平衡。

表 1-6　游耕制土壤系统中物质归还比较　　[单位：kg/(hm²·a)]

项目	干物质	灰分	N	P	K	Ca	Mg	Si	Al	Fe
凋落物（林地）	9727.9	581.6	84.8	6.8	67.3	120.3	36.1	78.7	16.8	5.2
A₀层	3889.1	376.8	23.0	1.1	17.9	42.4	10.9	102.3	13.6	6.2
旱作秸秆	4209.4	248.8	11.5	1.6	80.0	14.1	10.2	26.5	3.5	1.9
撂荒凋落物	2182.3	255.7	31.8	2.6	7.6	20.5	12.9	75.9	14.9	8.6
林地归还	13 617.0	958.4	107.8	7.9	85.2	162.7	47.0	181.0	30.4	11.4
游耕归还	3195.8	252.2	21.6	2.1	42.6	17.3	11.5	51.2	9.2	5.2

6）农耕对土壤形成的影响

热带地区土地利用方式对土壤有机质和微生物有明显的影响。热带土壤中的腐殖质均较简单，其中铁铝土的腐殖物质无论分子量和芳构化度都是各类土类中最低的；有机物质在热带土壤中的分解速率比在温带土壤中快；林地土壤耕垦后，有机质含量迅速下降，除由于本身含量高、分解快之外，部分是由于土壤侵蚀的缘故；林地开垦后，土壤中氨基态氮的相对含量有所降低，腐殖质组成也发生明显改变。

由于热带雨林腐殖质层厚，土壤中微生物数量比季雨林多 2～12 倍。铁铝土、富铁土中细菌的数量一般均较中性或微碱性的其他类型土壤低。真菌的相对数量较其他非酸性土壤高。放线菌数量与土壤酸度之间的相关性不及细菌那样明显，主要受土壤中有机质含量的影响。

耕垦能直接影响土壤中微生物的演变。耕垦多年的橡胶林、油棕林下铁铝土中微生物数量与自然林下差别不大，而在种植咖啡、胡椒等经济作物后土壤微生物数量增加。

土地利用方式不同也能导致微生物组成的改变。如铁铝土耕垦后，蜡质芽孢杆菌逐渐减少，被巨大芽孢杆菌取代成为优势种。

热带铁铝土中含有多种能够固氮的微生物，同时多种植物根际有与微生物联合固氮的现象，应注意发掘和利用耐酸固氮微生物的可能性。

1.2.5　人类活动对土壤的影响

1）人类活动的特点

自从有了人类文明史，土壤的发生发育就受到人类活动的影响。并且，随着生产的发展，人们对土壤的干扰程度也越来越大。与一般的自然成土因素相比，人类活动和生产对土壤的影响有五个特点：①目的性强，人类活动对土壤的影响具有强烈的目的性，是在长期农业生产实践中和逐渐认识土壤发生发展规律的基础上，利用和改良土壤、定向地培育土壤；②影响快速，人类活动对土壤的影响是快速的，而且随着人类社会生产和技术水平的不断提高其影响的速度在不断地提高，范围也在不断地扩大；③社会性强，人类活动是具有社会性的，它受社会制度、社会生产力和科学技术水平所影响，在不同的社会制度、不同的社会生产力和科学技术的发展水平下，人类活动对土壤的影响及其效果有很大差别，当前，人类仍在不断地探索和培育肥力更高的农业土壤；④可改变自然因素，人类活动对土壤的影响可以在通过改变各自然因素发生作用的基础上进行，各自然因素对土壤发生的继续影响程度主要取决于人为活动；⑤具有两重性，人类活动对土壤的影响具有两重性，利用合理可以产生正效应（土壤熟化），利用不合理就会产生负效应（土壤退化）。

2）人类活动对土壤影响的两重性

人类活动对土壤造成的影响有时是有益的，有时是有害的。人为经营的合理与否，会影响土壤朝不同的方向发展。在合理的种植制度下，如施用较多的有机肥料和采用秸秆还田，并在适当的水分管理和相应的水土保持等措施的作用下，土壤越种越肥；反之，广种薄收，不施或少施肥料，水土流失，则土壤向相反的方向发展。中华人民共和国成立以来，在党和政府的领导下，海南省采取兴修水利、推广绿肥、农田基本建设、改造低产田等一系列措施，极大地改善了土壤条件。例如，海南省琼海市大路镇的水东村原为潜育水耕人为土，1974 年大搞农田基本建设，整治排系统，深挖排水沟，做到排灌分家，降低地下水位，使土壤脱潜，向铁聚水耕人为土发展。到 1976 年，部分田块已可种植番薯，水稻产量明显提高。又如，部分低山丘陵地区，至今仍有"刀耕火种"的烧林垦荒后摞荒的落后生产方式，严重破坏了森林植被，并造成严重的水土流失。再如，某些地区由于受重用轻养的思想影响，偏施化学氮肥，少施或不施有机肥和磷、钾肥，使土壤磷、钾素得不到应有的补充，造成土壤氮、磷、钾三要素比例失调，形成海南省部分土壤中少磷缺钾的状态。据统计，海南全省水稻土速效钾含量在 50 mg/kg 以下的面积占水稻土总面积的 74.4%，有效磷含量在 10 mg/kg 以下的面积占水稻土总面积的 68%。

1.2.6　成土时间对土壤形成的影响

时间是一个重要的成土因素。虽然时间因素对土壤的形成没有直接影响，但时间因素可体现土壤的不断发展。它可阐明土壤在历史进程中发生、发育、演变的动态过程，也是研究土壤特性、发生分类的重要基础。

1）土壤年龄的概念

同一切历史自然体一样，土壤也有一定的年龄。土壤年龄是指土壤发生发育时间的长短。B. P. 威廉斯提出了土壤的绝对年龄和相对年龄的概念。土壤绝对年龄是指从该土壤的新鲜风化层或新母质上开始发育的时候算起迄今所经历的时间，通常用年作单位。从这一观点出发，发育于低纬度地区的热带土壤较高纬度地区的土壤古老，因为该地区的土壤没有受到冰川影响，没有古土壤受到破坏而新生土壤形成的过程，土壤年龄为数十万年或者百万年（Gong et al., 1995）。相对年龄是指个体土壤的发育阶段或土壤的发育程度。在一定区域内，土壤剖面发育和土层分异越明显，相对年龄越大。

无论是绝对年龄，还是相对年龄，都可以表示成土过程的速度以及土壤发育阶段的更替速度。对于相对年龄相同或发育程度相同的两个土壤来说，绝对年龄大的土壤较绝对年龄小的土壤发育速度慢；而对于绝对年龄相同的两个土壤来说，相对年龄小的土壤发育速度较相对年龄大的土壤发育速度慢。

相对年龄可以通过土壤发育程度即剖面土层分异程度来判断。绝对年龄则得用地学测年的方法确定，如地层对比法、古地磁断代法、热释光法、同位素法等。

2）土壤的发育速度

土壤的发育速度取决于成土条件，不同的土壤发育阶段，土壤发育速度也不同。

在干旱寒冷的气候条件下，发育在坚硬岩石上的土壤，其发育速度极其缓慢，长期处于幼年土阶段（按相对年龄）；在温暖湿润的气候条件下，松散母质上的土壤发育速度非常迅速，在短时间内即可发育为成熟土壤。

有利于土壤快速发育的条件是：温暖湿润的气候，森林植被，低石灰含量的松散母质，排水条件良好的平地。阻碍土壤发育的因素是：干冷的气候，草原植被，高石灰含量且通透性差、紧实的母质，陡峭的地形。

3）土壤发育的阶段

Mohr 和 Van Baren 把热带地区的土壤形成分为五个阶段：①初期，未风化的母质；

②青少年期，风化已经开始，但许多母质物质仍保留在土壤中；③壮年期，易风化的矿物大部分已分解，黏粒明显增加；④老年期，矿物分解已处于最后阶段，只有少数强抗风化的原生矿物被保存；⑤最后阶段，土壤发育已完成，原生矿物基本上彻底风化。海南岛气温高、湿度大，丘陵与山地土壤多处于老年期和最后阶段。由于海南岛成土因素存在不同的组合，它们对土壤的综合作用也有所差别，因而形成了岛内各种各样的土壤类型（Gong et al., 1998）。

第 2 章 土壤分类的历史与沿革

土壤分类是土壤科学水平的标志，是土壤调查制图的理论基础，是合理利用土壤资源的依据之一，也是土壤信息的载体和国内外土壤信息交流的媒介。因此，土壤分类不仅在理论上，而且在实践上均有重要意义。随着科学的进步，土壤分类也在迅速发展，尤其是 20 世纪 70 年代以来，土壤分类的发展突飞猛进。像全国其他各地一样，海南岛的土壤分类研究工作，也随着我国土壤分类的发展而不断演进，大体上也经历了美国马伯特（Marbut）土壤分类、土壤地理发生分类和系统分类三个阶段。

2.1 早期马伯特分类阶段

2.1.1 20 世纪 30 年代的分类

虽然我国古代朴素的土壤分类开始较早，但是我国近代土壤分类始于 20 世纪 30 年代。当时，在美国土壤学家 Thorp 的帮助下，开展了土壤调查，在他主持编写的《中国之土壤》（Thorp，1936）一书中，采用了当时的美国土壤分类制——马伯特（Marbut）分类，将土壤分为钙成土和淋余土两大类，其中淋余土又分为灰壤、准灰壤、红壤及黄壤以及水稻土等，在基层分类方面也初步建立了一批土系。但因海南省地处南疆，交通不便，所以此项调查并未涉及这个地区。

2.1.2 20 世纪 40 年代的分类

从 20 世纪 40 年代开始，有学者对海南岛及其周围地区土壤作了零星调查，如席连之（1947）和陆发熹（1947）对南沙群岛和西沙群岛的考察，建立了南沙系、长岛系、太平岛系、永兴岛系、林岛系以及林康岛系，陆发熹将后三个土系归为黑色石灰土。20 世纪 40 年代，日本学者永田武雄（1941）对海南岛土壤作过一些调查，他在全岛共取样 55 个点，主要分析土壤 pH、有机质和一些养分，所用的土壤分类不成系统，包括砂土、壤土、砂壤土、砂质土，还有冲积土、殖土和殖壤土等，很难归为马伯特分类，不过在时间上处于这个阶段而已。

2.1.3 20 世纪 50 年代初的分类

直至 20 世纪 50 年代初期，为了在海南岛发展橡胶等热带作物，相关学者开始了大规模的土壤调查。1952 年，以宋达泉为代表的土壤学家，根据马伯特分类拟订了海南岛的土类和土系分类方案（表 2-1），其中划分出了红壤、灰化红壤、黄壤、灰棕壤、幼年土和冲积土等 6 个土类，其下又初步划分了 42 个土系。虽然限于当时条件，没有足够的理化分析资料，却首次反映了整个海南岛土壤类型的初步轮廓，并在橡胶宜林地调查中发挥了作用。

表 2-1　海南岛土壤分类简表

土类	土系	成土物质	地形	排水	pH	肥力	利用方式
红壤	徐闻系	玄武岩	台地	良好	5.0~5.5	中-高	草地、杂木林和农地
	萝岗系	花岗岩	丘陵	良好	4.0~5.0	中-下	林地、灌木、草地、农地
	王姆岭系	花岗岩	山地	良好—过剩	—	—	以森林为主
	那大系	石英岩及云母片岩	丘陵	良好	4.5	中	次生林、农地
	侨岭系	云母片岩	山岗	—	4.5~5.0	中	次生林、农地
	长坡系	片岩及铁盘层	低丘	—	—	—	大部荒地，小部农地
	海口系	浅海沉积	平缓台地及缓坡地	佳良	4.5	中	草地、灌木或林地，小部为农地
	文昌系	风积沙	微起伏地	良好—过剩	4.5	低	草地
	土桥系	玄武岩	平缓台地	中等	5.0	中	草地、灌木、农地
	中原系	砂岩间有紫砂岩	低丘	良好	4.5~5.0	中-下	矮草地，少量农地
	阳江系	粗砂岩砾岩	低丘	尚好	4.5~5.0	中-下	岗松及芒箕为主
	造坡系	疏松紫色岩	低丘	良好	4.3~5.0	中-下	草地及灌木林
	山地岭系	砾质粗砂岩	高丘	良好—过剩	4.3~4.5	下等	矮草及散生灌木
	南丰系	花岗岩	丘陵	良好	5.0	—	—
	赤龙系	旧冲积沙层	台地	良好	4.5~5.5	—	—
	石古系	花岗岩	岗丘	良好	4.5	中	草地及灌木林
	高岭头系	花岗岩	高岗台地	中等	4.5	中-下	草地及灌木林
	北海系	浅海沉积物	平台或缓坡	良好—过剩	4.5~5.0	中-下	荒地及耕地
	铁炉坡系	砾岩	丘陵	良好	—	—	—
	和舍系	石英岩	丘陵	良好	4.5~6.0	低-中	荒地或农地
灰化红壤	红罗头系	花岗岩	缓坡	良好	4.5	中-上	次生林与草地
黄壤	大连岭系	花岗岩石英岩	低丘	中等	4.0~4.5	中	灌木林
	四方坡系	云母片岩	低丘	中等	4.5	中	灌木林
	大茂市系	老冲积沙层	低丘	—	5.0	—	农地
	合口系	花岗岩	山地或丘陵	不良	4.5	—	次生林和农地
	大遥岭系	石英岩云母片岩	山地或丘陵	不良	4.5	—	—

续表

土类	土系	成土物质	地形	排水	pH	肥力	利用方式
黄壤	和祥系	石英岩	山地或丘陵	—	—	—	农地
	美亭系	冲积沙砾层	河谷台地	中等	4.5	中	耕地或草地
	黄竹市系	玄武岩	台地	中—不良	4.5~5.0	中-下	草地、灌木或耕地
	那西系	老冲积黏土层	低缓丘	不良	4.5	中	草地
	兰洋系	花岗岩或片岩	低缓丘	不良	4.5	中	草地
	曲界系	玄武岩	台地	不良	5.0~5.5	中	草地及农地
	彼德沟系	砂岩或砾质砂岩	山地或丘陵	不良	5.0~5.5	中	荒地及农地
灰棕壤	南牛岭系	石英岩	山岭及高丘	过剩	4.5	中-高	以森林为主
	大枫岭系	花岗岩	山岭及高丘	过剩	4.5	中-高	以森林为主
幼年土	北排山系	凝灰岩及玄武岩	山坡地	佳良	4.5	低	草地
	北岭系	花岗岩（紫红）	丘陵山地	良好	4.5~5.0	中	林地及农地
	雅星系	花岗斑岩	丘陵	良好	6.5	低	矮草及荒地
	王五市系	紫色砂岩	丘陵	良好	6.5	中	中草及荒地
冲积土	礼记系	冲积物	沿河阶地	不良	5.5~6.0	中	草地
	宁远溪系	冲积物	冲积地	良好	6.0	低	农地
	东城系	冲积物	丘陵地	良好—过剩	4.5	中-高	荒地、低草及小灌木

2.2　土壤地理发生分类阶段

2.2.1　20世纪50年代的分类

随着中国和苏联关系的发展，1954年，我国土壤学界开始全面学习苏联土壤分类的经验，这一分类立足于地带性学说，以成土条件为依据，以土类为基本单元，包括土类、亚类、土属、土种和变种5级分类制。这一分类的引进与我国国民经济的恢复和发展处于同一时期，故其影响十分深远，因此土壤地理发生分类在我国大陆和海南省一直沿用至今（龚子同等，2004）。

1954~1955年，何金海等进行了全岛土壤调查，在《海南岛土壤调查报告》（何金海等，1958；石华和侯传庆，1964）中首次应用了土壤地理发生分类，除了红壤、黄壤外，划分出了红棕壤、砖红壤性土、水稻土、盐土和砂土；在黄壤下分黄壤和灰化黄壤；红壤下分红壤、灰化红壤和红壤化土；在砖红壤性土下分砖红壤性红色土和砖红壤性黄色土（表 2-2），并附相应的土壤图和土壤利用改良分区图。

这一阶段，在基层分类方面，尤其是土种一级主要根据有机质层厚度和土层厚度来划分，如厚有机质层厚层红壤、厚有机质层薄层红壤、薄有机质层厚层红壤和薄有机质层薄层红壤等，简称厚厚红壤、薄厚红壤、厚薄红壤和薄薄红壤等。这一分类在华南橡胶宜林地调查中得到广泛应用。石华（1986）在此基础上，编制了海南岛土壤图（1∶100 万）。

在土壤学家柯夫达（Ковда Виктор Абромович）（1960）的著述中，以经典的地理发生分类观点把海南地带性土壤分别称为黄色砖红壤、红色砖红壤和黄红色砖红壤等（表 2-3）。

表 2-2　海南岛土壤分类（何金海等，1958）

土类	亚类	土类	亚类
黄壤	黄壤	砖红壤性土	砖红壤性红色土
	灰化黄壤		砖红壤性黄色土
红壤	红壤	水稻土	—
	灰化红壤	盐土	—
	红壤化土	砂土	—
		红棕壤	—

表 2-3　海南岛土壤分类单元（柯夫达，1960）

序号	分类单元	序号	分类单元	序号	分类单元
1	山地红壤与黄壤	6	山地红色砖红壤	11	砖红壤性水铝英石土
2	山地黄色砖红壤	7	侵蚀、薄层和粗骨山地红色砖红壤	12	水化砖红壤性水铝英石土
3	侵蚀、薄层和粗骨山地黄色砖红壤	8	石质黄红色砖红壤	13	冲积性草甸土
4	山地黄红色砖红壤	9	砂质黄红色砖红壤	14	滨海砂土
5	侵蚀、薄层和粗骨山地黄红色砖红壤	10	砂质红色（黄色）砖红壤	15	滨海盐土

2.2.2　20 世纪 70～80 年代的分类

在 20 世纪 70 年代后期，中国土壤工作者团结协作，集思广益，提出了一个《中国土壤分类暂行草案》（龚子同等，1978），这一分类在原有的发生分类基础上，增加了一些耕种土壤类型，同时也增加了南海诸岛的土壤类型——磷质石灰土。80 年代，在广泛调查热作土壤的基础上，在黄宗道领导下的华南热带作物学院（1985）和梁继兴等编著的海南岛热带作物土壤图（1∶50 万）和《海南岛主要土壤类型概要》中，持同样的观点对海南岛土壤进行了分类。在文章中列举了海南岛 20 个土壤类型，并进行了详细说明（梁继兴，1988）。

2.2.3 两次土壤普查的分类

第一次土壤普查时海南岛仍属于广东省的一部分，当时的分类强调土壤利用，如水田土壤、旱地土壤和山地土壤，其下再分土区，然后再是土壤类型。土壤类型中大到土类，小到土种均有。所以，该系统没有土壤分类级别可言，土壤分类系统实际上类似于土壤利用单元。但毕竟将海南岛区分为69个土壤单元，并首次将水田土壤按农民经验区分为23个单元，应该说也是一个进步（广州地理研究所，1985）。第二次土壤普查期间海南省已独立成省，根据全国土壤普查办公室的统一布置，建立了海南省土壤分类，共分6个土纲、8个亚纲、14个土类、30个亚类、116个土属和175个土种，出版了《海南土壤》和《海南土种志》以及相应的图件，这是迄今为止海南省最为详细的土壤分类（表2-4）。

表2-4　海南省第二次土壤普查分类系统（海南省农业厅土肥站，1994）

土纲	亚纲	土类	亚类	土属	土种
铁铝土	湿热铁铝土	砖红壤	砖红壤	玄武岩砖红壤	厚层、中层、薄层玄武岩砖红壤
				玄武岩赤土地	灰赤土、灰赤沙泥、灰铁子赤土
				浅海沉积物砖红壤	厚层浅海砖红壤
				浅海沉积物赤土地	灰浅海赤土
				花岗岩砖红壤	厚层、中层、薄层麻砖红壤
				花岗岩赤土地	灰麻赤土
				砂页岩砖红壤	厚层、中层、薄层页砖红壤
				砂页岩赤土地	灰页赤土
				安山岩砖红壤	厚层、中层安砖红壤
				安山岩赤土地	灰安赤土
			黄色砖红壤	玄武岩黄色砖红壤	厚层玄武岩黄色砖红壤
				玄武岩黄色赤土地	灰黄色赤土、灰黄色铁子赤土
				浅海沉积物黄色砖红壤	厚层浅海黄色砖红壤
				浅海黄色赤土地	灰浅海黄色赤土
				花岗岩黄色砖红壤	厚层、中层麻黄色砖红壤
				花岗岩黄色赤土地	麻黄色赤土地
				砂页岩黄色砖红壤	厚层、中层、薄层页黄色砖红壤
				砂页岩黄色赤土地	灰页黄色赤土
				安山岩黄色砖红壤	安黄色砖红壤
				安山岩黄色赤土地	灰安黄色赤土
			褐色砖红壤	花岗岩褐色砖红壤	厚层、中层、薄层麻褐色砖红壤
				花岗岩褐色赤土地	灰麻褐色赤土
				砂页岩褐色砖红壤	厚层、中层页褐色砖红壤
				砂页岩褐色赤土地	灰页褐色赤土
				安山岩褐色砖红壤	厚层安褐色砖红壤

土纲	亚纲	土类	亚类	土属	土种
铁铝土	湿热铁铝土	赤红壤	赤红壤	花岗岩赤红壤	厚层麻赤红壤
				花岗岩赤红土	灰麻赤红土
				砂页岩赤红壤	厚层、中层、薄层页赤红壤
				砂页岩赤红土地	灰页赤红土
				安山岩赤红壤	厚层安赤红壤
			黄色赤红壤	花岗岩黄色赤红壤	厚层麻黄色赤红壤
				花岗岩黄色赤红地	灰麻黄色赤红土
				砂页岩黄色赤红壤	厚层页黄色赤红壤
				安山岩黄色赤红壤	厚层安黄色赤红壤
			赤红壤性土	花岗岩赤红壤性土	麻赤红壤性土
				砂页岩赤红壤性土	页赤红壤性土
	湿暖铁铝土	黄壤	黄壤	花岗岩黄壤	厚层花黄壤
				砂页岩黄壤	厚层、中层、薄层页黄壤
			黄壤性土	砂页岩黄壤性土	页黄壤性土
半淋溶土	中湿热半淋溶土	燥红土	燥红土	浅海沉积物燥红土	厚层浅海燥红土
				浅海沉积物燥红地	灰浅海燥红土
				花岗岩燥红土	厚层、中层麻燥红土
				花岗岩燥红地	灰麻燥红土
				砂页岩燥红壤	厚层、中层、薄层页燥红土
				砂页岩燥红地	灰页燥红土
				安山岩燥红土	厚层安燥红土
初育土	土质初育土	新积土	冲积土	冲积土	潮沙泥土
				冲积地	灰潮沙泥地
				菜园地	菜土
		滨海沙土	滨海沙土	滨海沙土	固定、半固定、流动沙土
				滨海沙土地	灰滨海沙土、灰滨海砂姜、灰滨海贝屑
	石质初育土	石灰（岩）土	红色石灰土	红色石灰土	厚层、中层、薄层红色石灰土
				红色石灰地	红色石灰地
			火山灰土	基性火山灰土	厚层、中层、薄层基性火山灰土
				基性火山灰地	灰火山灰土、灰火山灰铁子、灰火山灰砾石
		紫色土	酸性紫色土	酸性紫色土	厚层、中层、薄层酸性紫色土
				酸性紫色土地	酸性紫色土地

续表

土纲	亚纲	土类	亚类	土属	土种
初育土	石质初育土	珊瑚沙土	珊瑚沙土	珊瑚沙土	珊瑚沙土
			磷质珊瑚沙土	磷质珊瑚沙土	磷质珊瑚沙土
			硬磐海鸟粪珊瑚沙土	硬磐海鸟粪珊瑚沙土	硬磐海鸟粪珊瑚沙土
		石质土	酸性石质土	花岗岩石质土	花岗岩石质土
				砂页岩石质土	砂页岩石质土
			中性石质土	玄武岩石质土	玄武岩石质土
				火山灰石质土	火山灰石质土
水成土	矿质水成土	沼泽土	沼泽土	沼泽土	沼泽土
盐碱土	盐土	滨海盐土	滨海盐土	滨海盐土	滨海盐土
			滨海沼泽盐土	涂泥土滩	涂泥土滩
				涂沙土滩	涂沙土滩
				涂沙泥土滩	涂沙泥土滩
		酸性硫酸盐土	酸性硫酸盐土	酸性硫酸盐土	灰酸性硫酸盐土
人为土	水稻土	水稻土	潴育水稻土	紫色田	紫沙泥田
				炭质黑泥田	黑泥沙田、黑泥底田
				赤土田	赤土田、彩土田
				火山灰田	铁子底黑土田、火山灰赤土田
				洪积黄泥田	洪积黄泥田
				宽谷冲积土田	谷积沙泥田
				河沙泥田	河沙泥田、河黄泥底田
				潮沙泥田	潮沙泥田
				泥肉田	泥肉田、赤泥肉田、麻泥肉田等
				红赤土田	红赤土田、红坺土田、红铁盘底田
				页赤土田	页赤土田、页赤黏土田
				安赤土田	安赤土田
				红褐赤土田	麻褐赤土田
				页褐赤土田	页褐赤土田
				安褐赤土田	安褐赤土田
				菜田	菜田

续表

土纲	亚纲	土类	亚类	土属	土种
人为土	水稻土	水稻土	淹育性水稻土	红色石灰田	红色石灰田
				浅紫泥田	浅脚紫泥田
				浅脚赤土田	浅脚赤土田、浅脚铁子赤土田
				浅脚火山灰田	浅脚黑石土田、浅脚铁子底黑泥土
				浅脚炭质黑泥田	浅脚炭质黑泥田
				浅脚燥红土田	浅脚燥红土田
				生泥田	生紫泥田、生赤土田、生火山灰田
				浅脚红赤土田	浅红赤土田、浅红褐赤土田
				浅脚浅海赤土田	浅海赤土田
				浅脚页赤土田	浅页赤土田、浅页褐赤土田
				浅河沙田	浅河沙田
				浅脚安赤土田	浅安赤土田
			渗育水稻土	滨海石灰田	滨海石灰田、浅海石灰田
				浅海赤土田	浅海赤土田
				浅海燥红土田	燥红沙泥田
				冷底田	冷底田、铁锈水田、顽泥田
				乌泥底田	乌泥底田
				青格泥田	河青格泥田、赤青格泥等
				青泥底田	青泥底田
				烂并田	烂并田
			潜育水稻土	冷浸田	河冷浸田、赤冷浸田、红冷浸田
				热水田	热水田
				渍水田	渍水田
				泥炭土田	泥炭土田
			脱潜水稻土	低青泥田	潮低青泥田、赤低青泥田、红低青泥田
			漂洗水稻土	白鳝泥肉	白鳝泥肉
				滨海沙质田	滨海沙质田
				沙漏田	红沙漏田、页沙漏田
			盐渍水稻土	咸田	轻咸田、中咸田
				咸酸田	轻咸酸田

2.3 土壤系统分类

由中国科学院南京土壤研究所土壤系统分类课题组（1985，1991，1995，2001）主持的先后有 35 个协作单位参加的中国土壤系统分类研究，从 1984 年开始，先后发表了《中国土壤系统分类初拟》《中国土壤系统分类（首次方案）》《中国土壤系统分类（修订方案）》和《中国土壤系统分类检索（第三版）》，确立了从土纲、亚纲、土类、亚类、土族和土系的多级制的分类体系。

这一分类的特点是：①以诊断层和诊断特性为基础，就诊断层而言，1/3 取自国外，1/3 根据国外经验加以修改，1/3 自己拟订；②以发生学理论为依据，特别是将历史发生和形态发生结合起来；③与国际接轨，与美国土壤系统分类（ST 制）（Soil Survey Staff，1999a；1999b）、联合国图例单元（FAO-Unesco, 1988）和 WRB 的分类（ISSS et al.，1998）的基础、原则和方法基本相同，可以相互参比；④充分体现本国特色，主要突出我国历史悠久的人为土、西北内陆的干旱土和湿润热带、亚热带的富铁铝土以及青藏高原的高寒土壤；⑤有一个检索系统，根据土壤属性即可明确地检索到待查土壤的分类位置。中国土壤系统分类是我国土壤分类从定性走向定量的发展标志，已在国内外产生了较大影响。

2.3.1 《首次方案》的分类

赵文君和陈志成（1993）根据《中国土壤系统分类（首次方案）》提出了《海南岛主要土壤的类型鉴别与检索》，并在《海南岛土壤与土地数字化数据库及其制图》一书中提出了详细的分类，在土纲一级划分出初育土、均腐土、铁铝土、铁硅铝土、盐成土、潮湿土、有机土和人为土 8 个土纲，其下再划分亚纲、土类、亚类，首次以诊断层和诊断特性为基础对海南岛土壤进行了系统分类，但在命名上并未有重大变化。

2.3.2 《修订方案》的分类

1995 年，中国科学院南京土壤研究所土壤系统分类课题组拟订了《中国土壤系统分类（修订方案）》，在诊断层和诊断特性以及命名方面均作了较大修改，一方面更突出了本国特色，另一方面进一步与国际接轨。据此方案，系统分类课题组在海南省进行若干土壤发生特性的专题研究，龚子同和周瑞荣（1996）根据《中国土壤系统分类（修订方案）》（以下简称《修订方案》），又对南沙群岛土壤进行了系统分类。与此同时，国际土壤信息与参比中心（ISSS and ISRIC，1995）和法国（ISSS and ORSTOM，1995）的土壤学家在与中国土壤学家合作研究海南岛土壤时采用了土壤系统分类。

原华南热带农业大学的土壤学家们在 20 世纪 90 年代后期按《修订方案》进行了海南省土壤系统分类的研究，并于 1998 年初对"海南省土壤系统分类的研究及土壤陈列室建设"进行了鉴定，说明海南省土壤系统分类的研究进入了一个新阶段，这一成果在该校的陈列室得到了充分显示。

在联合国开发计划署（UNDP）组织的"海南省农业土地持续管理（sustainable land management for agricultural production in Hainan Province）"和"中国土壤系统分类中基

层分类的研究"两个项目资助下，中国科学院南京土壤研究所和中国热带农业科学院合作，从 1997 年开始至 2001 年进行了为期五年的海南岛土壤基层分类研究，编撰了《海南岛土系概论》一书（龚子同等，2004）。此书对海南岛土壤进行的土壤系统分类时，共划分出 8 个土纲、16 个亚纲、26 个土类、50 个亚类。

2.4　本次土系调查

2.4.1　依托项目

海南省最新土系调查工作始于 2009 年，主要依托国家科技基础性工作专项"我国土系调查与《中国土系志》编制"（2008FY110600，2009～2013 年）中"海南省专题"。

2.4.2　调查方法

根据本次土系调查的任务要求，调查海南岛典型土壤类型。广泛收集海南省气候、母质、地形资料和图件以及海南省各市县的第二次土壤普查资料，包括《海南土壤》《海南土种志》和各市（县）土壤普查报告以及 1∶20 万和 1∶5 万的土壤图。通过气候分区图、母质（母岩）图、地形图叠加后形成不同综合单元图，再考虑各综合单元对应的第二次土壤普查土壤类型及其代表的面积大小，确定本次典型土系调查样点分布，本次土系调查共挖掘单个土体剖面 367 个，单个土体空间分布如图 2-1 所示。

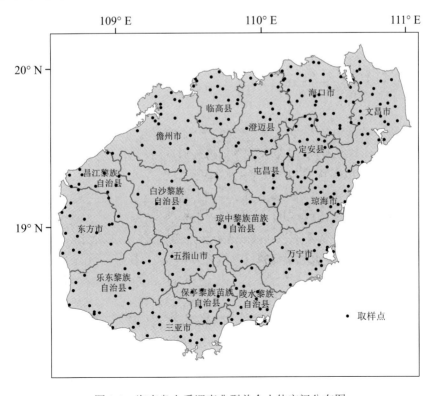

图 2-1　海南岛土系调查典型单个土体空间分布图

每个采样点（单个土体）的土壤剖面挖掘、地理景观、剖面形态描述依据《野外土壤描述与采样手册》（张甘霖和李德成，2016）。土样样品测定分析方法依据《土壤调查实验室分析方法》（张甘霖和龚子同，2012），土壤系统分类高级单元确定依据《中国土壤系统分类检索（第三版）》（中国科学院南京土壤研究所土壤系统分类课题组和中国土壤系统分类课题研究协作组，2001），土族和土系建立依据《中国土壤系统分类土族和土系划分标准》（张甘霖等，2013）。

2.4.3 土系建立情况

通过对调查的 367 个单个土体进行筛选和归并，根据土系划分原则在海南岛建立 93 个土系（不含《海南岛土系概论》划分出的 77 个土系），涉及 7 个土纲、11 个亚纲、22 个土类、32 个亚类、62 个土族（表 2-5）。

表 2-5 海南岛土系分布统计

土纲	亚纲	土类	亚类	土族	土系
人为土	1	4	9	26	44
火山灰土	1	2	2	2	2
铁铝土	1	1	1	1	1
富铁土	2	3	4	6	8
淋溶土	2	4	7	13	22
雏形土	3	6	7	12	14
新成土	1	2	2	2	2
合计	11	22	32	62	93

第3章　成土过程和主要诊断层及诊断特性

3.1　成　土　过　程

3.1.1　有机质积累过程

有机质积累过程是指在木本或草本植被下有机质在土体上部积累的过程。在海南岛高温多雨、湿热同季的热带、亚热带气候条件下，一方面，岩石、母质强烈地进行着盐基和硅酸盐淋失和铁铝富集的过程，母质的不断风化使养分元素不断释放，为各种植物生长提供了丰富的物质基础，促进了各类植物的迅速生长，植物在强烈光合作用下合成大量有机物质，每年形成大量的凋落物参与土壤生物循环，促进了土壤中有机质的积累。另一方面，林下地表凋落物中微生物和土壤动物丰富，特别是对植物残体起着分解任务的土壤微生物数量巨大，种类多样和数量巨大的微生物群加速了凋落物的矿化、灰分富集和植物吸收，土壤的生物物质循环和富集作用十分强烈。通常在自然植被茂盛区域，土壤有机质含量是比较高的，但随着农业开垦利用，土壤有机质发生很大变化，如合理耕作和施肥，可促进土壤有机质的形成、肥力的提高；否则，土壤有机质迅速分解，土壤肥力逐渐降低。

3.1.2　黏化过程

黏化过程是指原生硅铝酸盐不断变质而形成次生硅铝酸盐，由此产生黏粒积聚的过程。黏化过程可进一步分为残积黏化、淀积黏化和残积-淀积黏化三种。

（1）残积黏化指就地黏化，为土壤形成中的普遍现象之一。残积黏化的主要特点是：土壤颗粒只表现为由粗变细，不涉及黏土物质的移动或淋失；化学组成中除 CaO、Na_2O 稍有移动外，其他活动性小的元素皆有不同程度积累；黏化层无光性定向黏粒出现。

（2）淀积黏化是指新形成的黏粒发生淋溶和淀积。这种作用均发生在碳酸盐从土层上部淋失，土壤中呈中性或微酸性反应，新形成的黏粒失去了与钙相固结的能力，发生淋溶并在下层淀积，形成黏化层。土体化学组成沿剖面不一致，淀积层中铁铝氧化物显著增加，但胶体组成无明显变化，黏土矿物尚未遭分解或破坏，仍处于开始脱钾阶段。淀积黏化层出现明显的光性定向黏粒，淀积黏化仅限于黏粒的机械移动。

（3）残积-淀积黏化系残积和淀积黏化的综合表现形式。在实际工作中很难将上述三种黏化过程截然分开，常是几种黏化作用相伴在一起。

海南岛土壤的黏化过程主要属残积黏化。

3.1.3　脱硅富铝化过程

脱硅富铝化过程是指热带、亚热带地区，水热丰沛、化学风化深刻、生物循环活跃，土壤物质由于矿物的风化，形成弱碱性条件，随着可溶性盐、碱金属和碱土金属盐基及硅酸的大量流失，而造成铁铝在土体内相对富集的过程。在高温多雨、湿热同季的气候条件下，海南岛的岩石矿物风化和盐基离子淋溶强烈，原生矿物强烈风化，基性岩类矿物和硅酸盐物质彻底分解，形成了以高岭石和游离铁氧化物为主等次生黏土矿物，盐基和硅酸盐物质被溶解而遭受强烈的淋失，而铁铝氧化物相对富集。

在强烈淋溶作用下，表土层因盐基淋失而呈酸性时，少量铁铝氧化物受到溶解而发生垂直迁移，由于表土层下部盐基含量相对高而使酸度有所降低，使下淋的铁铝氢氧化物达到一定深度而发生凝聚沉淀；在炎热干燥条件下，水化氧化物失去水分成为难溶性的 Fe_2O_3 和 Al_2O_3；在长期反复干湿季节交替作用下，土体上层铁铝氧化物愈积愈多，以致形成铁锰结核或铁磐。

3.1.4 氧化还原过程

氧化还原过程是海南岛平缓地区潮湿雏形土和水耕人为土的重要成土过程。潮湿雏形土发生的氧化还原过程主要与地下水的升降有关，水耕人为土中发生的氧化还原过程主要与种植水稻季节性人为灌溉有关。两者均致使土体干湿交替，引起铁锰化合物氧化态与还原态的变化，产生局部的铁锰氧化物移动或淀积，从而形成一个具有铁锰斑纹、结核或胶膜的土层。

3.1.5 潜育化过程和脱潜育化过程

土壤长期渍水，受到有机质嫌气分解，而使铁锰强烈还原，形成灰蓝-青灰色土体的过程，是潜育土纲主要成土过程。当土壤处于常年淹水时，土壤中水、气比例失调，几乎完全处于闭气状态，土壤氧化还原电位低，Eh 一般都在 250 mV 以下，因而，发生潜育化过程，形成具有潜育特征的土层。土层中氧化还原电位低，还原性物质富集，铁、锰以离子或络合物状态淋失，产生还原淋溶。潜育化过程主要出现在海南岛的河流阶地、海积平原等地势较低的区域，这些区域地下水位高，土体长期滞水，容易发生还原过程。

脱潜育化过程是指渍水或水分饱和的土壤在采取排水措施条件下，土壤含水量降低、氧化还原电位增加的过程。在低洼渍水区域，通过开沟排水，地下水位降低，使渍水土壤发生脱沼泽脱潜育化，土壤氧化还原电位明显提高。历史上，海南岛中部、北部的丘陵坡脚地带曾经地下水位较高，土壤潜育化明显，后经开沟排水并在人为耕种下，地下水位下降，土壤层化逐渐明显，形成犁底层和水耕氧化还原层，水耕表层和水耕氧化还原层逐渐出现锈纹锈斑，从原来的 Ag-Bg、A-Bg 型，逐渐变化为 Ap1-Ap2-Br-Bg 型。

3.1.6 盐积过程

盐积过程主要出现在海南岛滨海地区，盐分主要来自海水。河流及地表径流入海泥沙或由风浪掀起的浅海沉积物，在潮汐和海流的作用下，在潮间带絮凝、沉积，使滩面不断淤高以致露出海面后发育形成盐成土。土壤与地下水中积存盐分，同时由于潮汐而导致海水入侵，亦可不断补给土壤水与地下水盐分，在蒸发作用下引起地下水矿化度增高和土壤表层积盐，形成滨海地区盐成土。

3.2　土壤诊断层与诊断特性

凡用于鉴别土壤类别的，在性质上有一系列定量规定的土层称为诊断层。如果用于分类目的不是土层，而是具有定量规定的土壤性质（形态的、物理的、化学的），则称为诊断特性。诊断层又因其在单个土体中出现的部位不同，而分为诊断表层和诊断表下层。另外，由于土壤物质随水分上移或因环境条件改变发生表聚或聚积，而形成的诊断层，称之为其他诊断层。此外，把在性质上已发生明显变化，不能完全满足诊断层或诊断特性的规定条件，但在土壤分类上有重要意义，即足以作为划分土壤类别依据的称为诊断现象（主要用于土类或亚类一级）。

《中国土壤系统分类检索（第三版）》（中国科学院南京土壤研究所土壤系统分类课题组等，2001）设有 33 个诊断层、25 个诊断特性和 20 个诊断现象。根据本次海南土系调查的单个土体剖面的主要形态特征和物理、化学及矿物学性质，按照中国土壤系统分类中诊断层、诊断特性和诊断现象的定义标准，海南岛建立的 93 个土系涉及 8 个诊断层、11 个诊断特性和 1 个诊断现象（表 3-1）。其中，诊断层包括为淡薄表层、水耕表层、漂白层、雏形层、铁铝层、低活性富铁层、水耕氧化还原层和黏化层；诊断特性包括岩性特征、石质接触面、准石质接触面、土壤水分状况、潜育特征、氧化还原特征、土壤温度状况、腐殖质特性、火山灰特性、铁质特性、盐基饱和度；诊断现象有铝质现象。

表 3-1　中国土壤系统分类诊断层、诊断现象和诊断特性

诊断层			诊断特性
（一）诊断表层	（二）诊断表下层	（三）其他诊断层	1. 有机土壤物质
A. 有机物质表层类	**1. 漂白层**	1. 盐积层	**2. 岩性特征**
1. 有机表层	2. 舌状层	盐积现象	**3. 石质接触面**
有机现象	舌状现象	2. 含硫层	**4. 准石质接触面**
2. 草毡表层	**3. 雏形层**		5. 人为淤积物质
草毡现象	**4. 铁铝层**		6. 变性特征
B. 腐殖质表层类	**5. 低活性富铁层**		变性现象
1. 暗沃表层	6. 聚铁网纹层		7. 人为扰动层次
2. 暗瘠表层	聚铁网纹现象		**8. 土壤水分状况**
3. 淡薄表层	7. 灰化淀积层		**9. 潜育特征**
C. 人为表层类	灰化淀积现象		潜育现象
1. 灌淤表层	8. 耕作淀积层		**10. 氧化还原特征**
灌淤现象	耕作淀积现象		**11. 土壤温度状况**
2. 堆垫表层	**9. 水耕氧化还原层**		12. 永冻层次
堆垫现象	水耕氧化还原现象		13. 冻融特征
3. 肥熟表层	**10. 黏化层**		14. n 值
肥熟现象	11. 黏磐		15. 均腐殖质特性

续表

诊断层			诊断特性
（一）诊断表层	（二）诊断表下层	（三）其他诊断层	**16. 腐殖质特性**
4. 水耕表层	12. 碱积层		**17. 火山灰特性**
水耕现象	碱积现象		**18. 铁质特性**
D. 结皮表层类	13. 超盐积层		19. 富铝特性
1. 干旱表层	14. 盐磐		20. 铝质特性
2. 盐结壳	15. 石膏层		铝质现象
	石膏现象		21.富磷特性
	16. 超石膏层		富磷现象
	17. 钙积层		22.钠质特性
	钙积现象		钠质现象
	18. 超钙积层		23. 石灰性
	19. 钙磐		**24. 盐基饱和度**
	20. 磷磐		25. 硫化物物质

注：粗体字是指海南岛出现的诊断层、诊断现象和诊断特性。

3.2.1　淡薄表层

该诊断层属于发育程度较差的淡色或较薄的腐殖质表层。它具有以下一个或一个以上条件：搓碎土壤的润态明度≥3.5，干态明度≥5.5，润态彩度≥3.5；和/或有机碳含量<6 g/kg；或颜色和有机碳含量同暗沃表层或暗瘠表层，但厚度条件不能满足者。海南岛的旱地土壤和林地土壤主要属淡薄表层，普遍出现在人为活动强烈、植被覆盖度低、水土流失区域。

3.2.2　水耕表层

水耕表层是在淹水耕作条件下形成的人为表层（包括耕作层和犁底层）。它具有以下全部条件：厚度≥18 cm；大多数年份至少有 3 个月具人为滞水水分状况；至少有半个月，其上部亚层（耕作层）土壤因受水耕搅拌而糊泥化；在淹水状态下，润态明度≤4，润态彩度≤2，色调通常比 7.5YR 更黄，乃至呈 GY、B 或 BG 等色调；排水落干后多锈纹、锈斑；排水落干状态下，其下部亚层（犁底层）土壤容重对上部亚层（耕作层）土壤容重的比值≥1.10。海南岛水耕表层平均厚度为 26.3 cm，八所系水耕表层最薄（18 cm），木棠系最厚，为 42 cm。

3.2.3　漂白层

由黏粒和/或游离氧化铁淋失，有时伴有氧化铁的就地分凝，形成颜色主要取决于砂粒和粉粒的漂白物质所构成的土层。它具有以下全部条件：厚度≥1 cm；位于 A 层之下，但在灰化淀积层、黏化层、碱积层或其他具一定坡降的缓透水层如黏磐、石质或准石质接触面等之上；可呈波状或舌状过渡至下层，但舌状延伸深度<5 cm；和由≥85%（按体

积计）的漂白物质组成（包括分凝的铁锰凝团、结核、斑块等在内）。漂白物质本身彩度≤2，以及或是润态明度≥3，干态明度≥6，或是润态明度≥4，干态明度≥5；或彩度≤3，以及或是润度明度≥6 或干态明度≥7，或是粉粒、砂粒色调为 5YR 或更红，以及或是润态明度≥3，干态明度≥6，或是润态明度≥4，干态明度≥5。海南岛漂白层上界出现于 25～30 cm 深度，厚度约 40～50 cm，灰橄榄色（5Y6/2，润）。

3.2.4　雏形层

雏形层是指风化-成土过程中形成的无或基本上无物质淀积，未发生明显黏化，带棕、红棕、红、黄或紫等颜色，且有土壤结构发育 B 层。它具有以下一些条件：土层厚度≥10 cm，且其底部至少在土表以下 25 cm，具有极细砂、壤质极细砂或更细的质地，有土壤结构发育并至少占土层体积的 50%，保持岩石或沉积物构造的体积<50%，或与下层相比，彩度更高，色调更红或更黄；或若成土母质含有碳酸盐，则碳酸盐有下移迹象。该诊断层主要出现在海南岛山地丘陵风化较弱的土壤中，平原地区的旱地土壤也常出现该类诊断层。儋州、保亭、白沙等地的西华系、荣邦系、青松系、南丰系均分布在山地丘陵地区，东方、乐东、临高、儋州等地的坡寿系、长流系、五尧系、东成系则为旱地土壤。

3.2.5　铁铝层

铁铝层由高度富铁铝化作用形成的土层。在高温、湿润的气候条件下，土壤矿物高度风化，盐基、硅淋溶强烈，铁铝氧化物明显聚集，黏粒活性显著降低，形成铁铝层。它具有以下条件：其土层厚度≥30 cm，具有砂壤或更细的质地，黏粒含量≥80 g/kg，$CEC_7<16$ cmol（+）/kg 黏粒，ECEC<12 cmol（+）/kg 黏粒，细土全 K 含量<8 g/kg（$K_2O<10$ g/kg），保持岩石构造的体积<5%。主要出现在海南岛玄武岩台地及南部丘陵地区。如三亚市天涯镇的天涯系，铁铝层上界出现于约 40 cm 深度，厚度约 60 cm，黏粒含量 250～300 g/kg，全钾含量 4～5 g/kg，CEC_7 约为 10 cmol（+）/kg 黏粒，ECEC 11～12 cmol（+）/kg 黏粒。

3.2.6　低活性富铁层

低活性富铁层全称为低活性黏粒-富铁层。由中度富铁铝化作用形成的具低活性黏粒和富含游离铁的土层。它具有以下条件：其厚度≥30 cm，具有极细砂、壤质极细砂或更细的质地，色调为 5YR 或更红或细土 DCB 浸提游离铁含量≥14 g/kg（游离 Fe_2O_3≥20 g/kg），或游离铁占全铁的 40%以上，部分亚层（厚度≥10 cm）$CEC_7<24$ cmol（+）/kg 黏粒。该诊断层主要出现于海南岛中北部的白沙、儋州、澄迈、临高等丘陵山地，该层次的铁游离度范围为 45%～75%。

3.2.7　水耕氧化还原层

水耕氧化还原层是指水耕条件下铁锰自水耕表层或兼自其下垫土层的上部亚层还原淋溶，或兼有由下面具潜育特征或潜育现象的土层还原上移，并在一定深度中氧化淀积的土层。水耕氧化还原层是水耕条件下，铁锰氧化物还原淋溶与氧化淀积的结果。它具有以下一些条件：其上界位于水耕表层底部，厚度≥20 cm，并有氧化还原形态特征。水耕人为土普遍具有水耕氧化还原层，水耕氧化还原层出现的层位介于 18~42 cm，厚度介于 23 ~124 cm。结构体表面、结构体内或孔隙周围有 2%~40%铁锰斑纹。水耕氧化还原层中的铁渗淋亚层，出现在雅星系和宝芳系中，其紧跟水耕表层之下（20~30 cm 以下），厚度约 40 cm。

3.2.8　黏化层

由黏化作用形成的土层，是黏粒在土体中形成和集聚的结果，是黏粒含量明显高于上覆土层的表下层。在黏化层与其上覆淋溶层之间不存在岩性不连续的情况下，若上覆淋溶层总黏粒含量为 15%~40%，则此层的黏粒含量至少为上覆土层的 1.2 倍；若上覆淋溶层任何部分的总黏粒含量<15%或>40%，则此层黏粒含量的绝对增量比上覆土层大 3%或 8%。若其质地为壤质或黏质，则其厚度应≥7.5 cm；若其质地为砂质或壤砂质，则厚度应≥15 cm。黏化层主要出现于海南岛的丘陵山地坡脚和部分旱地土壤。

3.2.9　岩性特征

土表至 125cm 范围内土壤性状明显或较明显保留母岩或母质的岩石学性质特征，包括砂质沉积物岩性特征、碳酸盐岩岩性特征等。在海南岛西北部分布有紫色砂页岩母质发育的土壤具有紫色砂页岩岩性特征，如荣邦系，为酸性紫色湿润雏形土。

3.2.10　石质接触面与准石质接触面

石质接触面是指土壤与紧实黏结的下垫物质（岩石）之间的界面层，不能用铁铲挖开，下垫物质为整块状者，其莫氏硬度>3；为碎裂块体者，在水中或六偏磷酸钠溶液中振荡 15h 不分散。准石质接触面是指土壤与连续黏结的下垫物质之间的界面层，湿时用铁铲勉强挖开，下垫物质为整块状者，其莫氏硬度<3；为碎裂块体者，在水中或六偏磷酸钠溶液中振荡 15 h，可或多或少分散。在低山丘陵地带部分地区的大茅系、荣邦系以及北部火山锥地带的高龙系均出现石质接触面。

3.2.11　土壤水分状况

土壤水分状况指年内各时期土壤内或某土层内地下水或<1500 kPa 张力持水量的有无或多寡。当某土层的水分张力≥1500 kPa 时，称为干燥；当张力<1500 kPa，但>0 时称为湿润。张力≥1500 kPa 的水对大多数中生植物无效。人为滞水土壤水分状况广泛分布于水旱轮作的水耕人为土，半干润土壤水分状况主要在海南岛西部及西南部的乐东、东方、昌江和儋州沿海地区分布，湿润土壤水分状况主要分布于海南岛的丘陵缓坡地带和东部年降水量高于 1500 mm 的区域，在中部山区有常湿土壤水分状况。

3.2.12　潜育特征

潜育特征是指长期被水饱和，导致土壤发生强烈还原的特征。它具有以下一些条件：50%以上的土壤基质（按体积计）的颜色值为：a. 色调比 7.5Y 更绿或更蓝，或为无彩色（N）；或 b. 色调为 5Y，但润态明度≥4，润态彩度≤4；或 c. 色调为 2.5Y，但润态明度≥4, 润态彩度≤3; 或 d. 色调为 7.5YR～10YR, 但润态明度 4～7, 润态彩度≤2; 或 e. 色调比 7.5YR 更红或更紫, 但润态明度 4～7, 润态彩度 1; 和在上述还原基质内外的土体中可以兼有少量锈斑纹、铁锰凝团、结核或铁锰管状物; 和取湿土土块的新鲜断面, 10 g/kg 铁氰化钾[$K_3Fe(CN)_6$]水溶液测试, 显深蓝色。潜育现象是指土壤发生弱一中度还原作用的特征, 仅 30%～50%的土壤基质(按体积计)符合"潜育特征"的全部条件。在海南岛的河流阶地、海积平原等地势较低的区域地下水位偏高, 土体长期滞水, 广泛存在潜育特征, 如儋州的木棠系、万宁的和乐系、东方的八所系等。

3.2.13　氧化还原特征

由于潮湿水分状况、滞水水分状况或人为滞水水分状况的影响, 大多数年份某一时期土壤受季节性水分饱和, 发生氧化还原交替作用而形成的特征。它具有以下一个或一个以上的条件: ①有锈斑纹, 或兼有由脱潜而残留的不同程度的还原离铁基质; ②有硬质或软质铁锰凝团、结合和/或铁锰斑块或铁磐; ③无斑纹, 但土壤结构体表面或土壤基质中占优势的润态彩度≤2; 若其上、下层未受季节性水分饱和影响的土壤的基质颜色本来就较暗, 即占优势润度为 2, 则该层结构体表面或土壤基质中占优势的润态彩度应<1; ④还原基质按体积计<30%。氧化还原特征广泛出现于海南岛平原区域和植稻土壤中。

3.2.14　土壤温度状况

土壤温度状况指土表下 50 cm 深度处或浅于 50 cm 的石质或准石质接触面处的土壤温度。海南岛地处亚热带, 其 50 cm 深度土壤年均温度≥23℃, 海南的土壤温度状况均为高热土壤温度状况。

3.2.15　腐殖质特性

热带、亚热带地区土壤或黏质开裂土壤中除 A 层或 A+AB 层有腐殖质的生物积累外, B 层并有腐殖质的淋淀积累或重力积累的特性。它具有以下全部条件: A 层腐殖质含量较高, 向下逐渐减少; B 层结构体表面、孔隙壁有腐殖质淀积胶膜, 或裂隙壁填充有自 A 层落下的含腐殖质土体或土膜, 土表至 100 cm 深度范围内土壤有机碳总储量≥12 kg/m²。该类诊断特性可出现在海南岛局部的林地土壤和火山灰母质分布区, 如美富系。

3.2.16　火山灰特性

土壤中火山灰、火山渣或其他火山碎屑物占全土重量的 60%或更高, 矿物组成中以水铝英石、伊毛缟石、水硅铁石等短序矿物占优势, 伴有铝-腐殖质络合物的特性。除有机碳含量必须<250g/kg 外, 还应符合下列之一或两个条件: ①细土部分具有下列特性: a. 草酸铵浸提 Al+1/2Fe≥2.0%; b. 水分张力为 33kPa 时的容重≤0.90Mg/m³; c. 磷酸盐吸持≥85%。②细土部分的磷酸盐吸持≥25%, 且 0.02～2.0mm 粒级的含量≥300g/kg, 并具有下列特性之一: a. 草酸铵浸提 Al+1/2Fe≥0.40%, 且在 0.02～2.0mm 粒级中火山玻璃含量≥30%; b. 草酸铵浸提 Al+1/2Fe≥2.0%, 且在 0.02～2.0mm 粒级中火山玻璃含量≥5%; c. 草酸铵浸提性 Al+1/2Fe 为 0.4%～2.0%, 且在 0.02～2.0mm 粒级中有足够的

火山玻璃含量，当其与细土中草酸铵浸提 Al+1/2Fe 含量作图时，火山玻璃含量则落在图 3-1 中阴影范围内。海南岛具有火山灰特性的土壤主要分布在北部的儋州、临高、澄迈和海口等地。

3.2.17　铁质特性

土壤中游离氧化铁非晶质部分的浸润和赤铁矿、针铁矿微晶的形成，并充分分散于土壤基质内使土壤红化的特性。它具有以下之一或两个条件：土壤基质色调为 5YR 或更红；和/或整个 B 层细土部分 DCB 浸提游离铁≥14 g/kg（游离 Fe_2O_3≥20 g/kg），或游离铁占全铁的 40%或更多。具铁质特性的土壤主要分布于海南岛的西南部海积平原和丘陵缓坡地区，如三亚的落基系和海英系、儋州的打和系、琼中的加钗系等。

3.2.18　铝质现象

铝质现象是指在除铁铝土和富铁土以外的土壤中铝富含 KCl 浸提性铝的特性。它不符合铝质特性的全部条件，但具有下列一些特征：阳离子交换量（CEC_7）≥24 cmol（+）/kg 黏粒；和下条件中的任意 2 项：pH（KCl 浸提）≤4.5；铝饱和度≥60%；KCl 浸提 Al≥12 cmol（+）/kg 黏粒；KCl 浸提 Al 占黏粒 CEC 的 35%或更多。铝质现象主要出现在海南岛低山丘陵局部淋溶较强的酸性土壤中，如三亚的高峰系、澄迈的彩云系、文昌大位系等。

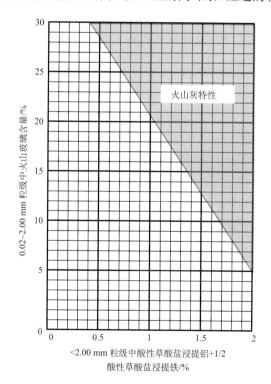

图 3-1　火山灰特性的草酸铵浸提性 Al+1/2Fe 和 0.02～2.00mm 粒级中火山玻璃含量关系

若<2.00mm 粒级的磷酸盐吸持>25%，且 0.02～2.00mm 粒级≥300g/kg，则落在阴影部分的土壤具火山灰特性

3.2.19　盐基饱和度

盐基饱和度是指土壤吸收复合体被 K、Na、Ca 和 Mg 阳离子饱和的程度（NH$_4$OAc 法）。对于铁铝土和富铁土之外的土壤，饱和的程度≥50%；不饱和的<50%；对于铁铝土和富铁土，富盐基的≥35%，贫盐基的<35%。富铁土纲 7 个土系，儋州的美扬系和光村系盐基饱和度低于 35%。

下篇　区域典型土系

第4章 人 为 土

4.1 铁聚潜育水耕人为土

4.1.1 八所系（Basuo Series）

土　族：砂质硅质混合型非酸性高热性-铁聚潜育水耕人为土
拟定者：漆智平，王登峰，王　华

分布与环境条件　分布于海南西南部海积平原区，海拔10～20 m；浅海沉积物母质，水田，玉米-水稻轮作或单季稻；热带海洋性气候，年均日照时数约为2400 h，年均气温为25～26℃，年均降水量为1200～1400 mm。

八所系典型景观

土系特征与变幅　诊断层包括水耕表层、水耕氧化还原层；诊断特性包括高热土壤温度状况、人为滞水土壤水分状况、潜育特征、氧化还原特征。土体厚度＞80 cm，具潜育特征土层上界出现于20 cm深度，厚度20～30 cm，砂粒含量一般＞500 g/kg，细土质地为砂质壤土-砂质黏壤土，pH 7.0～9.5。

对比土系　感城系，同一亚类，不同土族，颗粒大小级别为壤质，细土质地为砂质壤土-壤土，具潜育特征土层上界出现于25～30 cm深度，厚度约40 cm。

利用性能综述　耕作层浅薄，质地为砂质壤土-壤土，耕性较好，土壤有机质含量为中等水平，但养分缺乏，在利用中应推广秸秆还田，增施有机肥，提高土壤有机质含量，培肥地力，并注重平衡施肥。

参比土种　浅海低青泥田。

代表性单个土体　位于海南省东方市八所镇八所村，19°05′48.2″N，108°38′30.2″E，海拔

17 m，海积平原区，浅海沉积物母质，水田，玉米-水稻轮作或单季稻。50 cm 深土壤温度为 26.8℃。野外调查时间为 2010 年 1 月 13 日，编号 46-097。

Ap1：0～10 cm，灰棕黄色（10YR6/2，干），浊黄棕色（10YR5/3，润），壤土，小块状结构，润，疏松，少量孔隙，无锈纹锈斑，向下平滑清晰过渡。

Ap2：10～18 cm，淡蓝灰色（10BG7/1，干），暗蓝灰色（10BG4/1，润），砂质壤土，块状结构，湿，稍坚实，少量孔隙，无锈纹锈斑，向下平滑渐变过渡。

Bg：18～41 cm，蓝灰色（10BG6/1，干），暗蓝灰色（10BG4/1，润），砂质黏壤土，块状结构，坚实，有亚铁反应，少量棕色锈纹锈斑，向下平滑渐变过渡。

Br：41～80 cm，浊黄橙色（10YR7/3，干），浊黄橙色（10YR6/4，润），砂质壤土，块状结构，坚实，多量锈纹锈斑。

八所系代表性单个土体剖面

八所系代表性单个土体土壤物理性质

| 土层 | 深度/cm | 砾石(>2mm，体积分数)/% | 细土颗粒组成 (粒径：mm)/(g/kg) | | | 质地 | 容重/(g/cm³) |
			砂粒 2～0.05	粉粒 0.05～0.002	黏粒 <0.002		
Ap1	0～10	0	505	356	139	壤土	1.13
Ap2	10～18	0	555	276	169	砂质壤土	1.25
Bg	18～41	0	686	102	212	砂质黏壤土	1.38
Br	41～80	0	795	89	116	砂质壤土	1.44

八所系代表性单个土体土壤化学性质

深度/cm	pH	有机碳/(g/kg)	全氮(N)/(g/kg)	全磷(P)/(g/kg)	全钾(K)/(g/kg)	阳离子交换量/[cmol(+)/kg]	游离氧化铁/(g/kg)
0～10	7.3	12.4	0.92	0.20	27.76	7.5	1.9
10～18	7.9	5.8	0.59	0.14	26.70	6.3	4.4
18～41	9.0	1.4	0.36	0.10	26.73	3.5	4.8
41～80	9.3	0.7	0.26	0.08	24.49	2.5	4.3

4.1.2　和乐系（Hele Series）

土　族：壤质硅质混合型酸性高热性-铁聚潜育水耕人为土
拟定者：漆智平，王登峰，王　华

分布与环境条件　分布于海
南东部海积平原区，海拔
30～40 m；浅海沉积物母质，
水田，菜-稻轮作；热带海洋
性气候，年均日照时数为
1700～1900 h，年均气温为
24.7 ℃，年均降水量为
1900～2000 mm。

和乐系典型景观

土系特征与变幅　诊断层包括水耕表层、水耕氧化还原层；诊断特性包括高热土壤温度
状况、人为滞水土壤水分状况、潜育特征、氧化还原特征。土体厚度大于 1.3 m，具潜育
特征土层上界出现于 40～50 cm 深度，厚度约为 80～100 cm，细土黏粒含量约为 100 g/kg，
壤土；氧化还原特征一般出现于 20～30 cm 深度，厚度小于 20 cm，中量棕色锈纹锈斑。
土壤 pH 4.0～5.5。

对比土系　美汉系，同一土族，具潜育特征土层上界出现于 25～30 cm 深度，厚度 50～
60 cm，细土质地为粉砂壤土。

利用性能综述　土体深厚，水耕表层为壤土或粉砂壤土，耕性好，通透性适中，土壤有
机质含量丰富，全氮和全钾含量中等，磷较为缺乏，且土壤酸性较强。应注重平衡施肥，
适当增施磷肥，提高肥料利用率，实行水旱轮作，秸秆还田，培肥地力。

参比土种　浅海泥肉田。

代表性单个土体　位于海南省万宁市和乐镇西坡村，18°52′54.6″N，110°27′30″E，海拔
32 m，海积平原区，浅海沉积物母质，水田，菜（辣椒）—稻轮作或单季稻。50 cm 深
土壤温度为 27.0℃。野外调查时间为 2010 年 6 月 1 日，编号为 46-112。

Ap1：0～15 cm，浊黄棕色（10YR5/3，干），浊黄棕色（10YR4/3，润），黏壤土，小块状结构，疏松，无锈纹锈斑，向下平滑渐变过渡。

Ap2：15～25 cm，浊黄棕色（10YR5/3，干），浊黄棕色（10YR4/3，润），粉砂壤土，块状结构，较坚实，少量棕色锈纹，向下平滑渐变过渡。

Br：　25～42 cm，灰黄棕色（10YR6/2，干）浊黄棕色（10YR5/3，润），壤土，块状结构，润，坚实，中量棕色锈纹锈斑，向下平滑清晰过渡。

Bg1：42～80 cm，蓝灰色（5BG6/1，干），暗蓝灰色（5BG4/1，润），壤土，块状结构，润，稍坚实，有亚铁反应，无锈纹锈斑分布，向下平滑渐变过渡。

Bg2：80～130 cm，蓝灰色（5BG6/1，干），暗蓝灰色（5BG4/1，润），壤土，块状结构，稍坚实，有亚铁反应，无锈斑锈纹分布。

和乐系代表性单个土体剖面

和乐系代表性单个土体土壤物理性质

土层	深度 /cm	砾石 (>2mm，体积分数)/%	细土颗粒组成 (粒径：mm)/(g/kg)			质地	容重 /(g/cm³)
			砂粒 2～0.05	粉粒 0.05～0.002	黏粒 <0.002		
Ap1	0～15	0	235	494	271	黏壤土	1.23
Ap2	15～25	0	176	616	208	粉砂壤土	1.36
Br	25～42	0	415	479	106	壤土	1.54
Bg	42～130	0	502	388	110	壤土	1.57

和乐系代表性单个土体土壤化学性质

深度 /cm	pH		有机碳 /(g/kg)	全氮(N) /(g/kg)	全磷(P) /(g/kg)	全钾(K) /(g/kg)	阳离子交换量 /[cmol(+)/kg]	游离氧化铁 /(g/kg)
	H₂O	KCl						
0～15	4.4	3.8	18.7	1.33	0.21	25.14	11.1	14.5
15～25	5.1	4.3	10.7	0.71	0.19	27.90	12.8	22.5
25～42	4.0	3.7	11.2	0.39	0.15	26.93	9.5	27.2
42～130	4.5	3.8	11.3	0.30	0.18	25.15	7.9	19.6

4.1.3　美汉系（Meihan Series）

土　族：壤质硅质混合型酸性高热性-铁聚潜育水耕人为土
拟定者：漆智平，王登峰，王　华

分布与环境条件　分布于海南北部河流低阶地，海拔60～80 m；河流冲积物母质；水田，水旱轮作；热带海洋性气候，年均日照时数为1900～2000 h，年均气温为23～24℃，年均降水量为1700～1800 mm。

美汉系典型景观

土系特征与变幅　诊断层包括水耕表层、水耕氧化还原层；诊断特性包括高热土壤温度状况、人为滞水土壤水分状况、潜育特征、氧化还原特征。土体厚度1 m以上，具潜育特征土层上界出现于25～30 cm深度，厚度50～60 cm，多量锈纹锈斑，砂粒含量为300～350 g/kg，粉粒含量为500～550 g/kg，粉砂壤土；细土质地为砂质壤土-壤土，土壤pH 4.5～5.5。

对比土系　和乐系，同一土族，具潜育特征土层上界出现于40～50 cm深度，厚度约为80～100 cm，细土黏粒含量约为100 g/kg，壤土。农兰扶系，不同土类，空间位置相近，玄武岩火山灰母质，无潜育特征，为普通铁聚水耕人为土。

利用性能综述　该土系地处河流低阶地，土体深厚，其土壤质地偏砂，土壤耕性好，但其土壤有机质和养分含量均低，土壤供肥能力不足。需重视增施有机肥和补充土壤养分，培肥地力。

参比土种　潮沙泥田。

代表性单个土体　位于海南省临高县加来镇美汉村，19°41′49.2″N，109°41′48.6″E，海拔71 m，河流阶地，河流冲积物母质，水田，水旱轮作或单季稻。50 cm深土壤温度为26.3℃。野外调查时间为2010年1月20日，编号为46-069。

Ap1：0～18 cm，棕灰色（10YR6/1，干），灰黄棕色（10YR4/2，润），砂质壤土，小块状结构，疏松，无锈纹锈斑，向下平滑渐变过渡。

Ap2：18～27 cm，棕灰色（10YR6/1，干），灰黄棕色（10YR4/2，润），壤土，块状结构，疏松，少量锈纹锈斑，向下平滑渐变过渡。

Bg：27～82 cm，棕灰色（10YR5/1，干），棕灰色（10YR4/1，润），粉砂壤土，块状结构，稍坚实，有亚铁反应，多量锈纹锈斑，向下平滑渐变过渡。

Br：82～100 cm，亮黄棕色（10YR6/8，干），黄棕色（10YR5/8，润），粉砂壤土，块状结构，坚实，多量锈斑锈纹。

美汉系代表性单个土体剖面

美汉系代表性单个土体土壤物理性质

| 土层 | 深度/cm | 砾石 (>2mm, 体积分数)/% | 细土颗粒组成 (粒径：mm)/(g/kg) | | | 质地 | 容重/(g/cm³) |
			砂粒 2～0.05	粉粒 0.05～0.002	黏粒 <0.002		
Ap1	0～18	0	576	341	83	砂质壤土	1.32
Ap2	18～27	0	497	404	99	壤土	1.47
Bg	27～82	0	330	543	127	粉砂壤土	1.58
Br	82～100	0	279	525	196	粉砂壤土	1.64

美汉系代表性单个土体土壤化学性质

深度/cm	pH H₂O	pH KCl	有机碳/(g/kg)	全氮(N)/(g/kg)	全磷(P)/(g/kg)	全钾(K)/(g/kg)	阳离子交换量/[cmol(+)/kg]	游离氧化铁/(g/kg)
0～18	5.2	4.2	4.5	0.43	0.22	0.47	6.8	2.9
18～27	5.3	4.1	3.3	0.32	0.14	2.32	8.1	5.6
27～82	5.2	4.0	1.3	0.13	0.12	1.41	10.8	8.8
82～100	4.9	3.9	2.4	0.27	0.16	2.29	11.1	25.9

4.1.4　感城系（Gancheng Series）

土　族：壤质硅质混合型非酸性高热性-铁聚潜育水耕人为土
拟定者：漆智平，王登峰，王　华

分布与环境条件　分布于海南西部海积平原区，海拔低于 10 m；浅海沉积物母质，水田，玉米（南瓜）-水稻轮作或单季稻；热带海洋性气候，年均日照时数约为 2400 h，年均气温为 25.2℃，年均降水量为 1200～1400 mm。

感城系典型景观

土系特征与变幅　诊断层包括水耕表层、水耕氧化还原层；诊断特性包括高热土壤温度状况、人为滞水土壤水分状况、潜育特征、氧化还原特征。土体厚度 1.2 m 以上，潜育特征土层上界出现于 25～30 cm 深度，厚度约 40 cm，细土黏粒含量约为 100 g/kg，壤土；水耕表层黏粒含量约为 100～150 g/kg，粉砂壤土-壤土；水耕氧化还原层黏粒含量低于 100 g/kg，砂质壤土-壤土；土壤 pH 5.0～5.5。

对比土系　加茂系，同一土族，花岗岩风化物母质，细砂含量低于 550 g/kg，细土质地为粉砂壤土-壤土。南排系，同一土族，具潜育特征土层上界出现于 20～25 cm 深度，厚度 70～80 cm。八所系，同一亚类，不同土族，颗粒大小级别为砂质，细土质地为砂质壤土-砂质黏壤土，具潜育特征土层上界出现于 20 cm 深度，厚度 20～30 cm。

利用性能综述　分布于滨海平原区，土体深厚，耕性较好，为当地基本农田土壤类型之一，但土壤有机质和养分含量偏低，土壤供肥能力不足。需重视增施有机肥和适时追施化肥，提高地力。

参比土种　滨海沙土田。

代表性单个土体　位于海南省东方市感城镇宝上村，18°54′01.1″N，108°40′17.8″E，海拔 2 m，海积平原阶地，浅海沉积物母质，水田，玉米-水稻轮作或单季稻。50 cm 深土壤温度为 27.0℃。野外调查时间为 2010 年 11 月 24 日，编号 46-062。

Ap1：0～18 cm，淡灰色（2.5Y7/1，干），黄灰色（2.5Y6/1，润），壤土，小块状结构，疏松，中量模糊的小的铁斑纹，向下平滑渐变过渡。

Ap2：18～28 cm，淡灰色（2.5Y7/1，干），黄灰色（2.5Y6/1，润），粉砂壤土，块状结构，稍坚实，少量模糊的铁锰斑纹，向下波状渐变过渡。

Bg：28～69 cm，淡灰色（2.5Y7/1，干），黄灰色（2.5Y6/1，润），壤土，块状结构，稍坚实，有亚铁反应，中量模糊的铁锰斑纹，向下平滑渐变过渡。

Br：69～120 cm，浊黄橙色（10YR6/4，干），浊黄棕色（10YR5/4，润），砂质壤土，块状结构，坚实，多量明显的铁锰斑纹。

感城系代表性单个土体剖面

感城系代表性单个土体土壤物理性质

| 土层 | 深度 /cm | 砾石 (>2mm，体积分数)/% | 细土颗粒组成（粒径：mm）/(g/kg) | | | 质地 | 容重 /(g/cm³) |
			砂粒 2～0.05	粉粒 0.05～0.002	黏粒 <0.002		
Ap1	0～18	0	445	401	154	壤土	1.42
Ap2	18～28	0	378	508	114	粉砂壤土	1.77
Bg	28～69	0	416	494	90	壤土	1.74
Br	69～120	0	596	326	78	砂质壤土	—

感城系代表性单个土体土壤化学性质

| 深度 /cm | pH | | 有机碳 /(g/kg) | 全氮(N) /(g/kg) | 全磷(P) /(g/kg) | 全钾(K) /(g/kg) | 阳离子交换量 /[cmol(+)/kg] | 游离氧化铁 /(g/kg) |
	H₂O	KCl						
0～18	5.5	4.6	12.0	0.58	0.44	25.49	6.7	9.0
18～28	5.5	4.7	7.8	0.37	0.12	24.18	9.5	8.7
28～69	5.3	4.2	5.2	0.29	0.11	25.29	11.2	10.7
69～120	5.2	4.3	1.8	0.11	0.08	26.00	12.0	14.0

4.1.5　加茂系（Jiamao Series）

土　族：壤质硅质混合型非酸性高热性-铁聚潜育水耕人为土
拟定者：漆智平，王登峰，王　华

分布与环境条件　分布于海南南部丘陵地区低丘垌田，海拔 150～200 m；花岗岩风化物母质；水田，菜-稻轮作或单季稻；热带海洋性气候，年均日照时数为 1900～2000 h，年均气温为 24～25℃，年均降水量为 1900～2000 mm。

加茂系典型景观

土系特征与变幅　诊断层包括水耕表层、水耕氧化还原层；诊断特性包括高热土壤温度状况、人为滞水土壤水分状况、潜育特征、氧化还原特征。土体厚度 1.3 m 以上，具潜育特征土层上界出现于 30 cm 左右深度，厚度 100～110 cm；少量锈纹锈斑，细土砂粒含量低于 550 g/kg，粉砂壤土-壤土，pH 4.5～7.0。

对比土系　感城系，同一土族，浅海沉积物母质，细土质地为砂质壤土-壤土。南排系，同一土族，浅海沉积物母质，具潜育特征土层上界出现于 20～25 cm 深度，厚度 70～80 cm。三道系，同一土类，水耕表层游离氧化铁含量为 10～15 g/kg，水耕氧化还原层游离氧化铁含量 5～15 g/kg，为普通潜育水耕人为土。

利用性能综述　土体深厚，地下水位低，水耕表层为壤土，耕性好，土壤有机质含量丰富，但有效磷含量偏低。建议水旱轮作，在生产过程中应秸秆还田、平衡施肥，适当增施磷肥，培肥地力。

参比土种　麻赤坜土田。

代表性单个土体　位于海南省保亭县加茂镇送妹村，18°34′18″N，109°42′48″E，海拔 171 m，丘陵地区的低丘垌田，花岗岩风化物母质，水田，菜-稻轮作或单季稻。50 cm 深土壤温度为 27.1℃。野外调查时间为 2010 年 5 月 29 日，编号为 46-123。

Ap1：0～17 cm，淡灰色（2.5Y7/1，干），灰黄色（2.5Y7/2，润），壤土，小块状结构，疏松，无锈纹锈斑，向下平滑清晰过渡。

Ap2：17～28 cm，淡灰色（2.5Y7/1，干），灰黄色（2.5Y7/2，润），壤土，块状结构，稍坚实，无锈纹锈斑，向下平滑渐变过渡。

Bg1：28～104 cm，灰黄色（5Y7/2，干），淡黄色（5Y7/4，润），粉砂壤土，块状结构，坚实，有亚铁反应，少量锈纹锈斑，向下平滑渐变过渡。

Bg2：104～138 cm，黄灰色（5Y6/1，干），灰黄色（5Y6/2，润），壤土，块状结构，坚实，有亚铁反应，少量锈斑锈纹。

加茂系代表性单个土体剖面

加茂系代表性单个土体土壤物理性质

土层	深度/cm	砾石(>2mm，体积分数)/%	细土颗粒组成 (粒径：mm)/(g/kg)			质地	容重/(g/cm³)
			砂粒 2～0.05	粉粒 0.05～0.002	黏粒 <0.002		
Ap1	0～17	0	418	377	205	壤土	1.19
Ap2	17～28	0	502	323	176	壤土	1.32
Bg1	28～104	0	347	512	141	粉砂壤土	1.46
Bg2	104～138	0	384	458	158	壤土	1.45

加茂系代表性单个土体土壤化学性质

深度/cm	pH	有机碳/(g/kg)	全氮(N)/(g/kg)	全磷(P)/(g/kg)	全钾(K)/(g/kg)	阳离子交换量/[cmol(+)/kg]	游离氧化铁/(g/kg)
0～17	4.6	20.6	1.83	0.36	30.33	8.5	9.2
17～28	5.8	6.9	0.65	0.10	26.79	7.2	9.8
28～104	6.7	1.6	0.14	0.10	28.35	10.4	15.1
104～138	6.8	1.3	0.08	0.24	24.39	9.5	1.0

4.1.6　南排系（**Nanpai Series**）

土　族：壤质硅质混合型非酸性高热性-铁聚潜育水耕人为土
拟定者：漆智平，王登峰，王　华

分布与环境条件　分布于海
南北部海积平原区，海拔 30～
50 m；浅海沉积物母质，水田，
蔬菜-水稻轮作或单季稻；热
带海洋性气候，年均日照时数
为 1800～2000 h，年均气温为
24～25℃，年均降水量为
1600～1800 mm。

南排系典型景观

土系特征与变幅　诊断层包括水耕表层、水耕氧化还原层；诊断特性包括高热土壤温度
状况、人为滞水土壤水分状况、潜育特征、氧化还原特征。土体厚度 1 m 以上，具潜育
特征土层上界出现于 20～25 cm 深度，厚度 70～80 cm，少量-中量锈纹锈斑；细土砂粒
含量为 300～450 g/kg，粉砂壤土-壤土，pH 4.9～6.6。

对比土系　感城系，同一土族，具潜育特征土层上界出现于 25～30 cm 深度，厚度约 40 cm，
细土质地砂质壤土-壤土。加茂系，同一土族，花岗岩风化物母质，具潜育特征土层上界
出现于 30 cm 左右深度，厚度 100～110 cm。

利用性能综述　土体深厚，耕性较好，但其水耕表层浅薄，土壤有机质含量一般，而土
壤磷含量偏低。在利用中应推广秸秆还田，增施有机肥，培肥地力，注重平衡施肥。

参比土种　黄赤土田。

代表性单个土体　位于海南省临高县博厚镇南排村，19°53′3.2″N，109°44′22″E，海拔 34 m，
海积平原区，浅海沉积物母质，水田，菜-稻轮作或单季稻。50 cm 深土壤温度为 26.2℃。
野外调查时间为 2010 年 1 月 21 日，编号为 46-068。

Ap1：0～15 cm，浊黄棕色（10YR5/3，干），浊黄棕色（10YR4/3，润），壤土，小块状结构，疏松，无锈纹锈斑，向下平滑渐变过渡。

Ap2：15～24 cm，浊黄棕色（10YR5/3，干），浊黄棕色（10YR4/3，润），砂土，小块状结构，较坚实，无锈纹锈斑，向下平滑渐变过渡。

Bg1：24～75 cm，棕灰色（10YR5/1，干），棕灰色（10YR5/1，润），粉砂壤土，块状结构，稍坚实，有亚铁反应，少量棕色锈纹，向下平滑渐变过渡。

Bg2：75～100 cm，灰色（5Y6/1，干），灰色（5Y6/1，润），粉砂壤土，块状结构，坚实，有亚铁反应，中量棕色锈斑锈纹分布。

南排系代表性单个土体剖面

南排系代表性单个土体土壤物理性质

| 土层 | 深度/cm | 砾石(>2mm，体积分数)/% | 细土颗粒组成（粒径：mm)/(g/kg) | | | 质地 | 容重/(g/cm³) |
			砂粒 2～0.05	粉粒 0.05～0.002	黏粒 <0.002		
Ap1	0～15	0	448	416	136	壤土	1.21
Ap2	15～24	0	466	431	103	砂土	1.36
Bg1	24～75	0	318	577	105	粉砂壤土	1.40
Bg2	75～100	0	333	545	122	粉砂壤土	1.48

南排系代表性单个土体土壤化学性质

深度/cm	pH	有机碳/(g/kg)	全氮(N)/(g/kg)	全磷(P)/(g/kg)	全钾(K)/(g/kg)	阳离子交换量/[cmol(+)/kg]	游离氧化铁/(g/kg)
0～15	4.9	14.2	1.26	0.26	1.23	8.6	19.2
15～24	6.2	8.4	0.67	0.16	0.86	8.6	18.7
24～75	6.2	1.5	0.18	0.09	1.38	11.3	17.7
75～100	6.6	1.5	0.11	0.09	1.22	10.8	36.4

4.1.7　藤桥系（Tengqiao Series）

土　族：黏壤质硅质混合型非酸性高热性-铁聚潜育水耕人为土
拟定者：漆智平，王登峰，王　华

分布与环境条件　分布于海
南南部沿海地区河流阶地，
地势低平，海拔低于 30 m；
河流冲积物母质，水田，蔬菜
-水稻轮作或单季稻；热带海
洋性气候，年均日照时数为
2100～2200 h，年均气温为
25～26℃，年均降水量为
1600～1700 mm。

藤桥系典型景观

土系特征与变幅　诊断层包括水耕表层、水耕氧化还原层；诊断特性包括高热土壤温度
状况、人为滞水土壤水分状况、潜育特征、氧化还原特征。土体厚度 1.5 m 以上，具潜
育特征土层上界出现于 25～30 cm 深度，厚度 1 m 以上。水耕氧化还原层细土砂粒含量
低于 100 g/kg，粉粒含量为 550～650 g/kg，粉砂质黏壤土，少量锈纹锈斑，土壤 pH 8.0～
8.5；水耕表层土壤 pH 4.5～6.0。

对比土系　新联系，同一土族，水耕表层质地为壤土，细土质地为壤土-粉砂质黏壤土。
遵谭系，同一土族，火山堆积物母质，水耕表层质地为粉砂质黏土，细土质地为粉砂壤
土-粉砂质黏土。

利用性能综述　土体深厚，水耕表层为粉砂壤土，耕性好，土壤有机质含量为中等水平，
但磷较为缺乏，耕作层土壤偏酸。生产上应实行水旱轮作，推广秸秆还田，适当增施碱
性肥料和磷肥，培肥地力。

参比土种　潮沙泥田。

代表性单个土体　位于海南省三亚市藤桥镇营根村，18°24′0.7″N，109°44′1.8″E，海拔
19 m，河流阶地，河流冲积物母质，水田，蔬菜-水稻轮作或单季稻。50 cm 深土壤温度
为 27.3℃。野外调查时间为 2010 年 5 月 26 日，编号 46-110。

Ap1：0～16 cm，棕灰色（10YR6/1，干），灰黄棕色（10YR5/2，润），粉砂壤土，小块状结构，疏松，无锈纹锈斑，向下平滑渐变过渡。

Ap2：16～26 cm，淡绿灰色（10G7/1，干），绿灰色（10G6/1，润），粉砂壤土，块状结构，疏松，无锈纹锈斑，向下平滑渐变过渡。

Bg1：26～103 cm，淡蓝灰色（10BG7/1，干），蓝灰色（10BG6/1，润），粉砂质黏壤土，块状结构，稍坚实，有亚铁反应，少量锈纹锈斑，向下平滑渐变过渡。

Bg2：103～150 cm，灰橄榄色（5Y6/2，干），灰橄榄色（5Y5/2，润），粉砂质黏壤土，块状结构，坚实，有亚铁反应，少量锈纹锈斑。

藤桥系代表性单个土体剖面

藤桥系代表性单个土体土壤物理性质

| 土层 | 深度/cm | 砾石(>2mm，体积分数)/% | 细土颗粒组成（粒径：mm)/(g/kg) | | | 质地 | 容重/(g/cm³) |
			砂粒 2～0.05	粉粒 0.05～0.002	黏粒 <0.002		
Ap1	0～16	0	60	773	167	粉砂壤土	1.10
Ap2	16～26	0	54	786	160	粉砂壤土	1.25
Bg1	26～103	0	73	609	318	粉砂质黏壤土	1.31
Bg2	103～150	0	51	596	353	粉砂质黏壤土	1.32

藤桥系代表性单个土体土壤化学性质

深度/cm	pH	有机碳/(g/kg)	全氮(N)/(g/kg)	全磷(P)/(g/kg)	全钾(K)/(g/kg)	阳离子交换量/[cmol(+)/kg]	游离氧化铁/(g/kg)
0～16	4.6	16.0	1.21	0.28	29.02	15.3	9.9
16～26	6.0	10.9	0.86	0.22	30.79	15.5	14.7
26～103	8.4	4.0	0.24	0.14	25.32	13.6	19.0
103～150	8.1	3.2	0.20	0.11	24.63	13.6	22.5

4.1.8　新联系（Xinlian Series）

土　族：黏壤质硅质混合型非酸性高热性-铁聚潜育水耕人为土
拟定者：漆智平，王登峰，王　华

分布与环境条件　分布于海
南北部南渡江河流阶地，地
势低平，海拔低于 20 m；河
流冲积物母质；水田，菜-稻
轮作或单季稻；热带海洋性
气候，年均日照时数为
2000～2200 h，年均气温为
23～24℃，年均降水量为
1900～2000 mm。

新联系典型景观

土系特征与变幅　诊断层包括水耕表层、水耕氧化还原层；诊断特性包括高热土壤温度
状况、人为滞水土壤水分状况、潜育特征、氧化还原特征。土体厚度大于 1 m，土壤 pH
4.5～6.5；具潜育特征土层上界出现于 25～30 cm 深度，厚度 70～80 cm，砂粒含量为 50～
100 g/kg，粉砂质黏壤土，少量锈纹锈斑；水耕表层砂粒含量为 300～400 g/kg，壤土。

对比土系　藤桥系，同一土族，水耕表层为粉砂壤土，细土质地为粉砂壤土-粉砂质黏壤
土。遵谭系，同一土族，火山堆积物母质，水耕表层质地为粉砂质黏土，细土质地为粉
砂壤土-粉砂质黏土。

利用性能综述　地处河流阶地，地势平坦，土壤质地较为均匀，土体较厚，耕性好，水
利条件较好，常年种植水稻，土壤有机质含量较高，但速效养分含量偏低。利用时应水
旱轮作，注重平衡施肥，培肥地力。

参比土种　潮沙泥田。

代表性单个土体　位于海口市十字路镇新联农场，19°50′22.6″N，110°22′12.2″E，海
拔 6 m，南渡江阶地，河流冲积物母质，水田，菜-稻轮作或单季稻。50 cm 深土壤温度
为 26.3℃。野外调查时间为 2010 年 1 月 25 日，编号 46-078。

Ap1: 0～16cm, 灰棕色（7.5YR5/2, 干）, 暗棕色（7.5YR3/3, 润）, 壤土, 块状结构, 疏松, 少量黄棕色锈斑, 向下平滑渐变过渡。

Ap2: 16～28cm, 棕灰色（7.5YR5/1, 干）, 棕灰色（7.5YR4/1, 润）, 壤土, 块状结构, 疏松, 少量棕褐色锈纹, 向下平滑清晰过渡。

Bg1: 28～73cm, 蓝灰色（5BG6/1, 干）, 蓝灰色（5BG5/1, 润）, 粉砂质黏壤土, 块状结构, 稍坚实, 有亚铁反应, 少量棕褐色锈斑, 而下平滑渐变过渡。

Bg2: 73～100cm, 绿灰色（10G5/1, 干）, 暗绿灰色（10G4/1, 润）, 粉砂质黏壤土, 块状结构, 坚实, 有亚铁反应, 无锈纹及锈斑, 极少量石英粒。

新联系代表性单个土体剖面

新联系代表性单个土体土壤物理性质

| 土层 | 深度 /cm | 砾石 (>2mm, 体积分数)/% | 细土颗粒组成（粒径：mm)/(g/kg) | | | 质地 | 容重 /(g/cm³) |
			砂粒 2～0.05	粉粒 0.05～0.002	黏粒 <0.002		
Ap1	0～16	0	379	453	168	壤土	0.99
Ap2	16～28	0	320	489	191	壤土	1.17
Bg1	28～73	0	88	639	273	粉砂质黏壤土	1.38
Bg2	73～100	0	54	549	397	粉砂质黏壤土	1.44

新联系代表性单个土体土壤化学性质

深度 /cm	pH	有机碳 /(g/kg)	全氮(N) /(g/kg)	全磷(P) /(g/kg)	全钾(K) /(g/kg)	阳离子交换量 /[cmol(+)/kg]	游离氧化铁 /(g/kg)
0～16	4.9	30.6	1.35	0.20	21.38	9.5	9.1
16～24	5.6	30.8	1.43	0.17	1.43	10.4	12.4
24～73	6.4	21.1	1.00	0.12	1.71	13.7	14.2
73～100	6.4	4.1	0.21	0.12	1.32	13.1	10.5

4.1.9 遵谭系 (Zuntan Series)

土　族：黏壤质硅质混合型非酸性高热性-铁聚潜育水耕人为土
拟定者：漆智平，王登峰，王　华

分布与环境条件 分布于海南北部沟谷平原地区，海拔 40～50 m；火山堆积物母质；水田，菜-稻轮作或单季稻；热带海洋性气候，年均日照时数为 2000～2200 h，年均气温为 23～24℃，年均降水量为 1900～2000 mm。

遵谭系典型景观

土系特征与变幅 诊断层包括水耕表层、水耕氧化还原层；诊断特性包括高热土壤温度状况、人为滞水土壤水分状况、潜育特征、氧化还原特征。土体厚度大于 0.9 m，具潜育特征土层上界出现在 20～30 cm 深度，厚度 60～70 cm，有少量铁斑纹；细土质地为粉砂质黏土-粉砂壤土，粉粒含量约为 500～600 g/kg，土壤 pH 4.5～6.0。

对比土系 藤桥系，同一土族，河流冲积物母质，水耕表层为粉砂壤土，细土质地为粉砂壤土-粉砂质黏壤土。新联系，同一土族，河流冲积物母质，水耕表层质地为壤土，细土质地为壤土-粉砂质黏壤土。

利用性能综述 地势较低平，土体深厚，土壤质地偏黏，耕性一般，土壤有机质含量丰富，但有效态养分含量偏低。应适当施用化肥，提高土壤养分含量，以满足农作物生长需求。

参比土种 赤青泥格田。

代表性单个土体 位于海南省海口市遵谭乡昌旺村，19°48′29.0″N，110°15′1.7″E，海拔 47 m，沟谷平原地带，火山堆积物母质，水田，菜-稻轮作或单季稻。50 cm 深土壤温度为 26.3℃。野外调查时间为 2010 年 1 月 25 日，编号 46-076。

Ap1：0～13 cm，棕灰色（10YR6/1，干），棕灰色（10YR5/1，润），粉砂质黏土，小块状结构，疏松，潮湿，少量锈纹，向下平滑渐变过渡。

Ap2：13～26 cm，棕灰色（10YR5/1，干），棕灰色（10YR5/1，润），粉砂质黏土，块状结构，稍坚实，少量锈纹，向下平滑渐变过渡。

Bg1：26～60 cm，蓝灰色（10GB6/1，干），暗蓝灰色（10GB4/1，润），粉砂质黏壤土，块状结构，坚实，有亚铁反应，少量锈纹，向下平滑渐变过渡。

Bg2：60～90 cm，淡黄色（2.5Y7/3，干），浊黄色（2.5Y6/3，润），粉砂壤土，块状结构，坚实，有亚铁反应，中量锈纹锈斑。

遵谭系代表性单个土体剖面

遵谭系代表性单个土体土壤物理性质

| 土层 | 深度/cm | 砾石(>2mm，体积分数)/% | 细土颗粒组成 (粒径：mm)/(g/kg) | | | 质地 | 容重/(g/cm³) |
			砂粒2～0.05	粉粒0.05～0.002	黏粒<0.002		
Ap1	0～13	0	15	536	449	粉砂质黏土	0.90
Ap2	13～26	0	35	527	438	粉砂质黏土	1.04
Bg1	26～60	0	79	568	353	粉砂质黏壤土	1.06
Bg2	60～90	0	341	526	133	粉砂壤土	1.47

遵谭系代表性单个土体土壤化学性质

深度/cm	pH	有机碳/(g/kg)	全氮(N)/(g/kg)	全磷(P)/(g/kg)	全钾(K)/(g/kg)	阳离子交换量/[cmol(+)/kg]	游离氧化铁/(g/kg)
0～13	4.8	45.3	2.64	0.67	1.09	13.3	39.9
13～26	5.6	44.3	2.14	0.38	0.73	13.0	50.6
26～60	5.7	33.9	1.47	0.35	0.92	13.1	87.7
60～90	5.6	4.5	0.08	1.73	0.25	10.6	179.7

4.2 普通潜育水耕人为土

4.2.1 打波系（**Dabo Series**）

土　族：砂质硅质混合型酸性高热性-普通潜育水耕人为土
拟定者：漆智平，杨　帆，王登峰

分布与环境条件　分布于海南北部的谷地和低丘陵垌田，地势平缓，海拔 50～100 m；砂页岩风化物母质；水田，菜-稻轮作或单季稻；热带海洋性气候，年均日照时数约为 2100 h，年均气温为 24～25℃，年均降水量为 1600～1700 mm。

打波系典型景观

土系特征与变幅　诊断层包括水耕表层、水耕氧化还原层；诊断特性包括高热土壤温度状况、人为滞水土壤水分状况、潜育特征、氧化还原特征。土体厚度 1.2 m 以上，具潜育特征土层上界出现于 30 cm 左右深度，厚度 90～100 cm；剖面通体砂粒含量约为 600 g/kg，砂质壤土，pH 4.5～5.3；水耕表层可见中量锈纹锈斑。

对比土系　黎安系，同一土族，浅海沉积物母质，具潜育特征土层上界出现于 20～25 cm 深度，厚度 55～65 cm，水耕表层为壤质砂土，细土质地为壤质砂土-砂质壤土。

利用性能综述　土体深厚，耕作层发育良好，犁底层适中，耕性较好，但地下水位较高，具潜育特征。土质偏砂，养分含量低，小地形为谷底，排灌系统不配套。现在以双季稻利用为主，改良应完善排灌体系，降低地下水位，推广水旱轮作，消除潜育化，加强磷、钾肥的施用，适当施石灰改善强酸环境。

参比土种　页青泥格田。

代表性单个土体　位于海南省儋州市大成镇打波村，19°31′57.3″N，109°22′50.8″E，海拔 96 m，砂页岩低谷谷底，砂页岩风化坡积物母质，水田，菜-稻轮作或单季稻。50 cm 深土壤温度为 26.5℃。野外调查时间为 2009 年 11 月 24 日，编号为 46-004。

打波系代表性单个土体剖面

Ap1: 0～21 cm，淡棕色（7.5YR5/6，干），棕色（7.5YR4/4，润），砂质壤土，小块状结构，疏松，多量锈斑锈点，向下波状渐变过渡。

Ap2: 21～30 cm，棕灰色（10YR5/1，干），灰色（5Y6/1，润），砂质壤土，块状结构，较坚实，中量锈纹锈斑，向下波状渐变过渡。

Bg1: 30～54 cm，棕灰色（10YR5/1，干），灰色（5Y5/1，润），砂质壤土，块状结构，较坚实，有亚铁反应，大量灰斑，少量锈纹锈斑，向下平滑清晰过渡。

Bg2: 54～99 cm，灰色（5Y6/1，干），棕灰色（10YR5/1，润），砂质壤土，块状结构，坚实，有亚铁反应，大量灰斑，向下不规则清晰过渡。

Bg3: 99～120 cm，淡灰色（5Y6/1，干），灰色（5Y4/1，润），砂质壤土，块状结构，坚实，有亚铁反应，大量灰斑。

打波系代表性单个土体土壤物理性质

| 土层 | 深度/cm | 砾石（>2mm，体积分数)/% | 细土颗粒组成（粒径: mm)/(g/kg) | | | 质地 | 容重/(g/cm³) |
			砂粒 2～0.05	粉粒 0.05～0.002	黏粒 <0.002		
Ap1	0～21	0	625	213	162	砂质壤土	1.14
Ap2	21～30	0	588	238	174	砂质壤土	1.46
Bg1	30～54	0	609	215	176	砂质壤土	1.48
Bg2	54～99	0	620	189	191	砂质壤土	—
Bg3	99～120	0	621	187	192	砂质壤土	—

打波系代表性单个土体土壤化学性质

深度/cm	pH H₂O	pH KCl	有机碳/(g/kg)	全氮(N)/(g/kg)	全磷(P)/(g/kg)	全钾(K)/(g/kg)	阳离子交换量/[cmol(+)/kg]	游离氧化铁/(g/kg)
0～21	5.2	4.0	15.2	1.11	0.18	17.09	5.0	22.0
21～30	4.9	3.8	14.4	0.96	0.14	22.09	6.6	16.6
30～54	4.6	3.9	13.7	0.90	0.11	23.16	6.2	10.4
54～99	4.9	3.8	11.7	0.85	0.11	22.06	6.6	11.3
99～120	5.3	4.4	13.0	0.68	0.13	22.95	6.3	11.5

4.2.2　黎安系（Li'an Series）

土　　族：砂质硅质混合型酸性高热性-普通潜育水耕人为土
拟定者：漆智平，王登峰，王　华

分布与环境条件　分布于海
南东部海积平原区，海拔低
于 20 m；浅海沉积物母质；
水田，菜-稻轮作或单季稻；
热带海洋性气候，年均日照
时数约为 2100 h，年均气温
约为 25℃，年均降水量为
1700～1800 mm。

黎安系典型景观

土系特征与变幅　诊断层包括水耕表层、水耕氧化还原层；诊断特性包括高热土壤温度
状况、人为滞水土壤水分状况、潜育特征、氧化还原特征。土体厚度大于 0.8 m，具潜育
特征土层上界出现于 20～25 cm 深度，厚度为 55～65 cm，砂粒含量 650～700 g/kg，砂
质壤土；细土质地为砂质壤土-壤质砂土，pH 4.5～5.5。

对比土系　打波系，同一土族，砂页岩风化物母质，具潜育特征土层上界出现于 30 cm
左右深度。厚度 90～100 cm，通体为砂质壤土。

利用性能综述　土体较深厚，耕作层发育较好，耕性好，但地下水位较高，土壤水分饱
和，水耕表层还原性物质多，有碍作物根系生长。土壤肥力偏低，除有机质含量稍高外，
其余养分均缺乏。在生产利用上应加强排灌系统建设，推广秸秆还田，施用化肥补充
养分。

参比土种　浅海青泥格田。

代表性单个土体　位于海南省陵水县黎安镇大墩村，18°24′50″N，110°1′51″E，海拔 9 m，
海积平原，浅海沉积物母质，水田，菜-稻轮作。50 cm 深土壤温度为 27.3℃。野外调查
时间为 2010 年 5 月 30 日，编号 46-119。

Ap1： 0～13 cm，棕灰色（10YR4/1，干），棕色（10YR4/4，润），壤质砂土，小块状结构，疏松，少量锈纹锈斑，向下平滑渐变过渡。

Ap2： 13～23 cm，棕灰色（10YR5/1，干），棕色（10YR4/4，润），壤质砂土，块状结构，疏松，少量孔隙，少量锈纹锈斑，向下平滑渐变过渡。

Bg： 23～81 cm，棕灰色（10YR5/1，干），棕灰色（10YR4/1，润），砂质壤土，块状结构，稍坚实，少量孔隙，有亚铁反应，少量锈纹锈斑。

黎安系代表性单个土体剖面

黎安系代表性单个土体土壤物理性质

土层	深度/cm	砾石(>2mm，体积分数)/%	细土颗粒组成 (粒径：mm)/(g/kg)			质地	容重/(g/cm³)
			砂粒 2～0.05	粉粒 0.05～0.002	黏粒 <0.002		
Ap1	0～13	0	847	64	89	壤质砂土	1.31
Ap2	13～23	0	805	109	86	壤质砂土	1.45
Bg	23～81	0	674	250	76	砂质壤土	1.52

黎安系代表性单个土体土壤化学性质

深度/cm	pH		有机碳/(g/kg)	全氮(N)/(g/kg)	全磷(P)/(g/kg)	全钾(K)/(g/kg)	阳离子交换量/[cmol(+)/kg]	游离氧化铁/(g/kg)
	H₂O	KCl						
0～13	4.8	3.7	21.3	1.38	0.15	1.80	5.9	4.0
13～23	4.6	3.7	20.9	1.28	0.14	1.67	6.0	1.4
23～81	5.2	4.4	17.3	0.69	0.10	1.48	3.8	0.4

4.2.3　南阳系（**Nanyang Series**）

土　族：砂质硅质混合型非酸性高热性-普通潜育水耕人为土
拟定者：漆智平，王登峰，王　华

分布与环境条件　分布于海
南北部台地缓坡地带，地势
平缓，海拔 10～30 m；砂页
岩风化物母质，水田，菜-
稻轮作或双季稻；热带海洋
性气候，年均日照时数为
2000～2200 h，年均温度为
23～25℃，年均降水量为
2100～2200 mm。

南阳系典型景观

土系特征与变幅　诊断层包括水耕表层、水耕氧化还原层；诊断特性包括高热土壤温度
状况、人为滞水土壤水分状况、潜育特征、氧化还原特征。土体厚度 0.9 m 以上，具潜
育特征土层上界出现于 25 cm 左右深度，厚度约 70 cm，细土砂粒含量约为 700 g/kg，砂
质壤土；剖面通体为砂质壤土，pH 4.9～6.1；水耕氧化还原层可见少量锈纹锈斑。

对比土系　育才系，同一土族，冲积物母质，水耕表层质地为壤土，细土质地为砂质壤
土-黏壤土。

利用性能综述　土体深厚，耕层发育较好，耕性好，但排水较差，地下水位高，低洼渍
水，土性偏冷。应开山圳截水，并田间开沟排水，适时排灌，改善土壤通透性。

参比土种　页赤土田。

代表性单个土体　位于海南省文昌市南阳镇土掘园村，19°35′44.8″N，110°41′58.0″E，海
拔 14 m，砂页岩风化物母质，水田，菜-稻轮作或双季稻。50 cm 深土壤温度为 26.5℃。
野外调查时间为 2010 年 1 月 30 日，编号 46-092。

Ap1: 0~16cm，棕灰色（10YR6/1，干），灰黄棕色（10YR5/2，润），砂质壤土，小块状结构，疏松，少量锈纹锈斑，向下平滑渐变过渡。

Ap2: 16~25cm，灰色（5Y6/1，干），灰色（5Y5/1，润），砂质壤土，块状结构，稍坚实，无锈纹锈斑，而下平滑明显过渡。

Bg1: 25~78cm，灰色（5Y6/1，干），灰色（5Y4/1，润），砂质壤土，块状结构，稍坚实，有亚铁反应，少量锈纹锈斑，向下平滑渐变过渡。

Bg2: 78~95cm，橄榄黑色（5Y3/1，干），黑色（5Y2/1，润），砂质壤土，块状结构，坚实，有亚铁反应，无锈纹锈斑。

南阳系代表性单个土体剖面

南阳系代表性单个土体土壤物理性质

| 土层 | 深度/cm | 砾石(>2mm，体积分数)/% | 细土颗粒组成（粒径：mm)/(g/kg) | | | 质地 | 容重/(g/cm³) |
			砂粒 2~0.05	粉粒 0.05~0.002	黏粒 <0.002		
Ap1	0~16	0	599	231	170	砂质壤土	1.32
Ap2	16~25	0	602	232	166	砂质壤土	1.46
Bg1	25~78	0	712	201	87	砂质壤土	1.54
Bg2	78~95	0	578	273	149	砂质壤土	1.68

南阳系代表性单个土体土壤化学性质

| 深度/cm | pH | | 有机碳/(g/kg) | 全氮(N)/(g/kg) | 全磷(P)/(g/kg) | 全钾(K)/(g/kg) | 阳离子交换量/[cmol(+)/kg] | 游离氧化铁/(g/kg) |
	H₂O	KCl						
0~16	4.9	4.1	12.5	0.98	1.35	4.82	5.5	18.8
16~25	5.0	3.7	10.1	0.62	0.65	4.85	5.5	22.7
25~78	5.6	4.2	2.6	0.16	0.31	6.28	4.3	3.3
78~95	6.1	5.4	10.4	0.50	0.29	13.77	6.1	0.9

4.2.4 育才系（Yucai Series）

土　族：砂质硅质混合型非酸性高热性-普通潜育水耕人为土
拟定者：漆智平，王登峰，王　华

分布与环境条件　分布于海南谷底平原，地势较平缓，海拔 150～200 m；冲积物母质；水田，菜（玉米）-稻轮作或双季稻；热带海洋性气候，年均日照时数为 1800～1900 h，年均气温约为 25.2 ℃，年均降水量为 1500～1700 mm。

育才系典型景观

土系特征与变幅　诊断层包括水耕表层、水耕氧化还原层；诊断特性包括高热土壤温度状况、人为滞水土壤水分状况、潜育特征、氧化还原特征。土体厚度大于 1.2 m，具潜育特征土层上界出现于 20～30 cm 深度，厚度约 1 m；细土砂粒含量 400～600 g/kg，粉粒含量 250～350 g/kg，砂质壤土-黏壤土，pH 5.0～7.5。

对比土系　南阳系，同一土族，砂页岩风化物母质，通体为砂质壤土。

利用性能综述　土体深厚，耕层发育好，质地适中，耕性好，但地下水位偏高，具潜育特征；水耕表层土壤有机质含量较丰富，但磷含量偏低。土壤弱酸性，增施磷肥、石灰等，开沟以降低地下水位。

参比土种　冷底田。

代表性单个土体　位于海南省三亚市育才乡保芬村，18°26′18.4″N，109°18′39.6″E，海拔188 m，谷底平原，冲积物母质，水田，菜-稻轮作。50 cm 深土壤温度为 27.2℃。野外调查时间为 2010 年 5 月 28 日，编号为 46-108。

Ap1：0～15 cm，浊棕色（7.5YR5/3，干），暗棕色（7.5YR3/3，润），壤土，小块状结构，润，疏松，向下平滑渐变过渡。

Ap2：15～26 cm，淡棕灰色（7.5YR7/2，干），棕色（7.5YR4/3，润），壤土，块状结构，润，稍坚实，向下平滑渐变过渡。

Bg1：26～95 cm，淡绿灰色（10G7/1），绿灰色（10G6/1，润），砂质壤土，块状结构，润，稍坚实，有亚铁反应，少量锈纹锈斑，向下平滑渐变过渡。

Bg2：95～120 cm，绿灰色（10G6/1，干），绿灰色（10G5/1，润），黏壤土，块状结构，湿，坚实，有亚铁反应，无锈斑锈纹。

育才系代表性单个土体剖面

育才系代表性单个土体土壤物理性质

土层	深度 /cm	砾石 (>2mm，体积分数)/%	细土颗粒组成（粒径：mm）/(g/kg)			质地	容重 /(g/cm³)
			砂粒 2～0.05	粉粒 0.05～0.002	黏粒 <0.002		
Ap1	0～15	0	457	332	211	壤土	0.97
Ap2	15～26	0	491	305	204	壤土	1.21
Bg1	26～95	0	608	240	152	砂质壤土	1.42
Bg2	95～120	0	420	245	335	黏壤土	1.22

育才系代表性单个土体土壤化学性质

深度 /cm	pH	有机碳 /(g/kg)	全氮(N) /(g/kg)	全磷(P) /(g/kg)	全钾(K) /(g/kg)	阳离子交换量 /[cmol(+)/kg]	游离氧化铁 /(g/kg)
0～15	5.1	18.5	1.13	0.20	34.79	7.7	3.8
15～26	5.7	10.9	0.92	0.13	34.85	7.1	11.9
26～95	6.7	2.4	0.18	0.09	36.09	5.5	2.5
95～120	7.1	4.8	0.24	0.04	34.27	7.1	2.3

4.2.5　三道系（Sandao Series）

土　族：壤质硅质混合型非酸性高热性-普通潜育水耕人为土
拟定者：漆智平，王登峰，王　华

分布与环境条件　分布于海
南南部丘陵岗地坡脚缓坡
区,坡度平缓,海拔 80～100 m;
花岗岩风化物坡积物母质,
水田, 双季稻; 热带海洋性
气 候, 年均日照时数为
1900～2100 h, 年均气温为
23～24 ℃, 年均降水量为
2100～2200 mm。

三道系典型景观

土系特征与变幅　诊断层包括水耕表层、水耕氧化还原层;诊断特性包括高热土壤温度
状况、人为滞水土壤水分状况、潜育特征、氧化还原特征。土体厚度 1.2 m 以上,潜育
特征土层上界出现于 25～30 cm 土层;剖面通体黏粒含量为 150～200 g/kg,砂粒含量为
400～500 g/kg, 壤土, pH 4.5～6.0;水耕氧化还原层可见少量锈纹锈斑。

对比土系　兰洋系, 同一亚类, 砂页岩风化物母质发育, 土族控制层段颗粒大小级别为
黏壤质。

利用性能综述　土体发育良好, 土层深厚, 耕性好, 是重要的粮田土壤, 土壤有机质、
全氮、速效钾中等, 但土壤有效磷很缺乏, 种植水稻应平衡施肥。

参比土种　麻低青泥田。

代表性单个土体　位于海南省保亭县三道镇什道村,18°28′32.6″N,109°39′38.5″E,海拔
94 m, 丘陵岗地坡脚缓坡区, 花岗岩风化物坡积物母质, 水田, 双季稻。50 cm 深土壤
温度为 27.2℃。野外调查时间为 2010 年 5 月 29 日, 编号 46-121。

Ap1：0～15 cm，浊黄橙色（10YR7/2，干），灰黄棕色（10YR6/2，润），壤土，小块状结构，疏松，向下平滑清晰过渡。

Ap2：15～27 cm，淡蓝灰色（10GB7/1，干），蓝灰色（10BG6/1，润），壤土，块状结构，较坚实，向下平滑渐变过渡。

Bg：27～81 cm，淡蓝灰色（10GB7/1，干），蓝灰色（10BG6/1，润），壤土，块状结构，稍坚实，有亚铁反应，少量锈斑锈纹，向下平滑渐变过渡。

Br：81～130 cm，亮黄棕色（10YR6/6，干），黄棕色（10YR5/8，润），壤土，块状结构，坚实，中量锈斑锈纹。

三道系代表性单个土体剖面

三道系代表性单个土体土壤物理性质

土层	深度 /cm	砾石 (>2mm，体积分数)/%	细土颗粒组成 (粒径：mm)/(g/kg)			质地	容重 /(g/cm³)
			砂粒 2～0.05	粉粒 0.05～0.002	黏粒 <0.002		
AP1	0～15	0	417	367	216	壤土	1.32
Ap2	15～27	0	414	389	197	壤土	1.48
Bg	27～81	0	467	379	154	壤土	1.53
Br	81～130	0	417	432	151	壤土	1.57

三道系代表性单个土体土壤化学性质

深度 /cm	pH H₂O	pH KCl	有机碳 /(g/kg)	全氮(N) /(g/kg)	全磷(P) /(g/kg)	全钾(K) /(g/kg)	阳离子交换量 /[cmol(+)/kg]	游离氧化铁 /(g/kg)
0～15	4.7	3.9	18.8	1.61	0.35	26.38	8.4	15.8
15～27	5.0	4.4	14.9	1.19	0.20	29.89	8.6	13.4
27～81	5.2	4.5	6.5	0.48	0.08	32.74	8.1	14.4
81～130	5.9	4.8	2.8	0.23	0.11	35.00	9.0	6.4

4.2.6 兰洋系（Lanyang Series）

土　族：黏壤质硅质混合型非酸性高热性-普通潜育水耕人为土

拟定者：漆智平，杨　帆，王登峰

分布与环境条件　分布于海南西部台地及丘陵谷底，海拔 100～150 m；砂页岩发育的谷底冲积物或坡积物母质，水田，番薯-水稻轮作或单季稻；热带海洋性气候，年均日照时数为 2000～2100 h，年均气温为 25～26℃，年均降水量为 1900～2000 mm。

兰洋系典型景观

土系特征与变幅　诊断层包括水耕表层、水耕氧化还原层；诊断特性包括高热土壤温度状况、人为滞水土壤水分状况、潜育特征、氧化还原特征。土体厚度大于 1.2 m，潜育特征土层上界出现于 25～30 cm 深度，厚度约为 30 cm；剖面通体粉粒含量为 500～600 g/kg，黏粒含量为 200～300 g/kg，粉砂壤土，pH 5.0～6.0。

对比土系　木棠系，同一亚类，不同土族，玄武岩风化物母质，颗粒大小级别为黏质，矿物学类型为高岭石型，细土质地为粉砂壤土-黏土。

利用性能综述　土体深厚，耕作层发育良好，耕性好，是重要的粮田土壤，但土壤有机质、全氮中等、磷和钾含量偏低。种植水稻应注意平衡施肥。

参比土种　页赤土田。

代表性单个土体　位于海南省儋州市兰洋镇兰洋农场，19°25′34.6″N，109°40′16.3″E，海拔 137 m，台地及丘陵谷底，砂页岩发育的谷底冲积物或坡积物母质，水田，番薯-水稻轮作。50 cm 深土壤温度为 26.5℃。野外调查时间为 2009 年 11 月 30 日，编号 46-014。

Ap1: 0～15 cm, 灰棕色 (7.5YR5/2, 干), 棕色 (7.5YR4/4, 润), 壤土, 小块状结构, 疏松, 多量锈纹锈斑, 向下波状渐变过渡。

Ap2: 15～27 cm, 灰棕色 (7.5YR4/2, 干), 暗棕色 (7.5YR3/4, 润), 砂质壤土, 块状结构, 稍坚实, 多量锈纹锈斑, 向下波状清晰过渡。

Bg: 27～56 cm, 棕灰色 (5YR5/1, 干), 灰棕色 (5YR4/2, 润), 砂质壤土, 块状结构, 稍坚实, 有亚铁反应, 少量锈纹锈斑, 向下平滑清晰过渡。

Br1: 56～80 cm, 棕灰色 (5YR4/1, 干), 黑棕色 (5YR3/1, 润), 砂质壤土, 块状结构, 坚实, 中量锈纹锈斑、灰斑, 向下平滑清晰过渡。

Br2: 80～125 cm, 棕灰色 (5YR4/1, 干), 黑棕色 (5YR3/1, 润), 砂质壤土, 块状结构, 坚实, 大量灰斑。

兰洋系代表性单个土体剖面

兰洋系代表性单个土体土壤物理性质

土层	深度 /cm	砾石 (>2mm, 体积分数)/%	细土颗粒组成 (粒径: mm)/(g/kg)			质地	容重 /(g/cm³)
			砂粒 2～0.05	粉粒 0.05～0.002	黏粒 <0.002		
Ap1	0～15	0	240	494	266	壤土	0.72
Ap2	15～27	0	226	523	251	粉砂壤土	1.22
Bg	27～56	0	244	508	248	粉砂壤土	1.36
Br1	56～80	0	218	533	249	粉砂壤土	—
Br2	80～125	0	188	606	206	粉砂壤土	—

兰洋系代表性单个土体土壤化学性质

深度 /cm	pH	有机碳 /(g/kg)	全氮(N) /(g/kg)	全磷(P) /(g/kg)	全钾(K) /(g/kg)	阳离子交换量 /[cmol(+)/kg]	游离氧化铁 /(g/kg)
0～15	5.5	28.6	2.09	1.64	19.87	8.9	45.9
15～27	5.8	23.7	1.61	1.18	19.53	9.6	53.9
27～56	6.0	23.3	1.38	0.67	20.39	12.6	41.5
56～80	5.7	22.3	1.77	0.07	15.76	12.6	38.5
80～125	5.5	19.8	0.93	0.40	25.78	6.5	29.8

4.2.7 木棠系（Mutang Series）

土　族：黏质高岭石型非酸性高热性-普通潜育水耕人为土
拟定者：漆智平，杨　帆，王登峰

分布与环境条件　分布于海南儋州北岸地区平原，位置低平，海拔 20～50 m；玄武岩风化物再积物母质；水田，水旱轮作或双季稻；热带海洋性气候，年均日照时数约为 2000 h，年均气温为 25～27℃，年均降水量为 1900～2100 mm。

木棠系典型景观

土系特征与变幅　诊断层包括水耕表层、水耕氧化还原层；诊断特性包括高热土壤温度状况、人为滞水土壤水分状况、潜育特征、氧化还原特征。土体厚度大于 60 cm，潜育特征土层上界出现于 40～50 cm 深度，厚度为 20～30 cm，黏粒含量约为 750 g/kg，黏土；细土质地为黏土-粉砂壤土，pH 5.3～6.6；水耕氧化还原层可见大量锈纹锈斑，少量铁锰胶膜。

对比土系　兰洋系，同一亚类，不同土族，砂页岩风化物母质，颗粒大小级别为黏壤质，矿物学类型为硅质混合型，通体为粉砂壤土。

利用性能综述　地势低平，常年滞水，排水困难，通气性差，多还原物质，犁底层发育弱，漏水漏肥，作物长势差，土壤有机质和全氮含量中等，磷、钾含量偏低。改良利用应首先开沟排水，降低地下水位，冬犁晒垡，增施磷、钾肥，或改植水生植物，发展副业。

参比土种　顽泥田。

代表性单个土体　位于海南省儋州市木棠镇木棠村，19°48′59.6″N，109°20′45.0″E，海拔 36 m，玄武岩平原低洼地，玄武岩风化物再积物母质，水田，菜-稻轮作或单季稻。50 cm 深土壤温度为 26.3℃。野外调查时间为 2009 年 11 月 23 日，编号 46-012。

Ap1: 0～18 cm，灰橄榄色（5Y5/2，干），灰色（5Y4/1，润），黏壤土，疏松，小块状结构，少量锈纹锈斑，向下波状渐变过渡。

Ap2: 18～42 cm，灰色（5Y4/1，干），灰色（5Y4/1，润），粉砂壤土，稍坚实，块状结构，多量锈纹锈斑，少量灰色锰胶膜，多螃蟹洞，向下波状渐变过渡。

Bg: 42～65 cm，暗绿灰色（10BG4/1，干），暗绿灰色（10BG4/1，润），黏土，坚实，块状结构，有亚铁反应，大量灰斑。

木棠系代表性单个土体剖面

木棠系代表性单个土体土壤物理性质

土层	深度 /cm	砾石 (>2mm，体积分数)/%	细土颗粒组成 (粒径: mm)/(g/kg)			质地	容重 /(g/cm³)
			砂粒 2～0.05	粉粒 0.05～0.002	黏粒 <0.002		
Ap1	0～18	0	263	404	333	黏壤土	0.88
Ap2	18～42	0	249	501	250	粉砂壤土	1.22
Bg	42～65	0	162	83	755	黏土	1.12

木棠系代表性单个土体土壤化学性质

深度 /cm	pH	有机碳 /(g/kg)	全氮(N) /(g/kg)	全磷(P) /(g/kg)	全钾(K) /(g/kg)	阳离子交换量 /[cmol(+)/kg]	游离氧化铁 /(g/kg)
0～18	5.3	21.7	1.61	0.80	1.09	11.6	92.3
18～42	6.5	14.1	0.64	1.79	0.17	17.2	99.2
42～65	6.6	5.7	0.16	1.05	0.63	31.4	74.3

4.3 底潜铁渗水耕人为土

4.3.1 雅星系（Yaxing Series）

土　族：砂质硅质混合型非酸性高热性-底潜铁渗水耕人为土
拟定者：漆智平，杨　帆，王登峰

分布与环境条件　分布于海南西北部丘间凹地，海拔100～150 m；花岗岩坡积物母质，土地利用为水田，水旱（花生、番薯）轮作；热带海洋性气候，年均日照时数约为 2000 h，年均气温为 23～25℃，年均降水量为 1500～1600 mm。

雅星系典型景观

土系特征与变幅　诊断层包括水耕表层、水耕氧化还原层；诊断特性包括高热土壤温度状况、人为滞水土壤水分状况、潜育特征、氧化还原特征。土体厚度 1.2 m 以上，水耕表层之下有厚度为 40～50 cm 的铁渗淋亚层；潜育特征土层出现于 60～70 cm 深度，厚度约为 20 cm；水耕表层和铁渗淋亚层细砂含量为 700～800 g/kg，砂质壤土-壤质砂土；细土质地为壤质砂土-砂质黏壤土，pH 5.0～7.0。

对比土系　宝芳系，同一土类，不同亚类，无潜育特征，土壤颗粒大小级别为壤质，土壤呈强酸性-酸性，土壤酸碱反应类别为酸性。

利用性能综述　土体深厚，耕作层发育良好，犁底层适中，耕性好，是重要的粮田土壤，但土壤有机质缺乏、全氮中等，磷、钾缺乏。应推行秸秆还田，培肥地力，实行水稻、花生或蔬菜轮作。

参比土种　麻赤土田。

代表性单个土体　位于海南省儋州市雅星镇，19°26′51.8″N，109°13′13.4″E，海拔 130 m，丘间凹地，花岗岩坡积物母质，水田，水旱（花生）轮作。50 cm 深土壤温度为 26.5℃。野外调查日期为 2009 年 11 月 23 日，编号为 46-002。

Ap1：0～19 cm，灰黄棕色（10YR6/2，干），浊黄棕色（10YR4/3，润），砂质壤土，小块状结构，疏松，多量棕褐色锈斑锈点，向下平滑渐变过渡。

Ap2：19～26 cm，棕灰色（10YR6/1，干），棕灰色（10YR5/1，润），砂质壤土，块状结构，稍坚实，少量锈斑锈点，向下平滑渐变过渡。

Br：　26～68 cm，棕灰色（10YR5/1，干），棕灰色（10YR4/1，润），壤质砂土，棱块状和角块状结构，稍坚实，少量锈斑，向下平滑渐变过渡。

Bg1：68～97 cm，灰白色（5Y8/1，干），淡灰色（5Y7/1，润），砂质黏壤土，棱块状结构，稍坚实，有亚铁反应，少量锈斑，向下平滑渐变过渡。

Bg2：97～120 cm，灰白色（5Y8/1，干），灰色（5Y6/1，润），砂质黏壤土，块状结构，坚实，有亚铁反应，大量灰斑。

雅星系代表性单个土体剖面

雅星系代表性单个土体土壤物理性质

| 土层 | 深度/cm | 砾石(>2mm，体积分数)/% | 细土颗粒组成（粒径：mm)/(g/kg) | | | 质地 | 容重/(g/cm³) |
			砂粒 2～0.05	粉粒 0.05～0.002	黏粒 <0.002		
Ap1	0～19	0	753	127	120	砂质壤土	1.60
Ap2	19～26	0	748	125	127	砂质壤土	1.94
Br	26～68	0	833	90	77	壤质砂土	1.81
Bg1	68～97	0	639	156	205	砂质黏壤土	—
Bg2	97～120	0	523	178	299	砂质黏壤土	—

雅星系代表性单个土体土壤化学性质

深度/cm	pH	有机碳/(g/kg)	全氮(N)/(g/kg)	全磷(P)/(g/kg)	全钾(K)/(g/kg)	阳离子交换量/[cmol(+)/kg]	游离氧化铁/(g/kg)
0～19	6.0	9.5	1.08	0.17	22.50	6.2	7.4
19～26	5.3	6.5	0.45	0.12	25.44	2.5	2.9
26～68	6.6	0.7	0.11	0.06	22.85	2.7	1.2
68～97	6.7	1.1	0.10	0.07	23.42	4.7	6.8
97～120	7.0	1.0	0.14	0.09	30.38	7.8	4.9

4.4 普通铁渗水耕人为土

4.4.1 宝芳系（Baofang Series）

土　族：壤质硅质混合型酸性高热性–普通铁渗水耕人为土
拟定者：漆智平，王登峰，王　华

分布与环境条件　分布于海南东北部海积平原区，地势平缓，海拔 30～60 m；浅海沉积物母质；水田，辣椒/豇豆–水稻轮作或单季稻；热带海洋性气候，年均日照时数为 2000～2200 h，年均温度为 23～25℃，年均降水量为 2100～2200 mm。

宝芳系典型景观

土系特征与变幅　诊断层包括水耕表层、水耕氧化还原层；诊断特性包括高热土壤温度状况、人为滞水土壤水分状况、氧化还原特征。土体厚度 1.2 m 以上，铁渗淋亚层上界一般出现于 25～30 cm 深度，厚度约 40 cm，有少量锈斑；剖面通体砂粒含量小于 500 g/kg，黏粒含量低于 150 g/kg，粉砂壤土–壤土，pH 3.5～5.0。

对比土系　雅星系，同一土类，不同亚类，土壤颗粒大小级别为砂质，土壤酸碱反应类型为非酸性。

利用性能综述　分布于沿海平原区，光热条件好，土壤质地稍粗，耕性好，通透性强，易于耕作，但保肥性较差；土壤有机质含量中等，但养分含量偏低，土壤酸性较强。在种植过程中，应适量施用石灰，改善土壤强酸性，注重平衡施肥，培肥地力。

参比土种　浅海赤土田。

代表性单个土体　位于海南省文昌市宝芳乡宝芳村，19°42′42.8″N，110°49′35.9″E，海拔 50 m，海积平原区，浅海沉积物母质，水田，豇豆–水稻轮作或单季稻。50 cm 深土壤温度为 26.8℃。野外调查时间为 2010 年 1 月 29 日，编号为 46-090。

Ap1: 0～16 cm，灰黄色（2.5Y6/2，干），暗灰黄色（2.5Y5/2，润），壤土，块状结构，疏松，无锈斑，向下平滑渐变过渡。

Ap2: 16～24 cm，淡灰色（2.5Y7/1，干），黄灰色（2.5Y5/1，润），壤土，块状结构，疏松，少量锈纹，向下平滑渐变过渡。

Br1: 24～65 cm，棕灰色（7.5YR6/1，干），灰棕色（7.5YR5/2，润），粉砂壤土，块状结构，稍坚实，少量锈斑，向下平滑清晰过渡。

Br2: 65～120 cm，亮黄棕色（10YR6/6，干），黄棕色（10YR5/8，润），壤土，块状结构，坚实，多量锈纹锈斑。

宝芳系代表性单个土体剖面

宝芳系代表性单个土体土壤物理性质

土层	深度/cm	砾石(>2mm,体积分数)/%	细土颗粒组成 (粒径: mm)/(g/kg)			质地	容重/(g/cm³)
			砂粒 2～0.05	粉粒 0.05～0.002	黏粒 <0.002		
Ap1	0～16	0	480	385	135	壤土	1.12
Ap2	16～24	0	483	439	78	壤土	1.38
Br1	24～65	0	361	541	98	粉砂壤土	1.43
Br2	65～120	0	477	382	141	壤土	1.41

宝芳系代表性单个土体土壤化学性质

深度/cm	pH		有机碳/(g/kg)	全氮(N)/(g/kg)	全磷(P)/(g/kg)	全钾(K)/(g/kg)	阳离子交换量/[cmol(+)/kg]	游离氧化铁/(g/kg)
	H₂O	KCl						
0～16	3.9	3.4	15.3	0.98	0.10	1.15	8.0	4.4
16～24	4.0	3.5	3.2	0.18	0.05	0.91	8.6	3.2
24～65	4.6	3.9	1.3	0.19	0.05	1.04	10.6	1.6
65～120	4.5	3.9	1.3	0.13	0.07	5.46	8.0	17.8

4.5　漂白铁聚水耕人为土

4.5.1　保城系（Baocheng Series）

土　族：砂质硅质混合型非酸性高热性-漂白铁聚水耕人为土
拟定者：漆智平，王登峰，王　华

分布与环境条件　分布于海南南部丘陵缓坡地带，海拔30～60 m；花岗岩风化物母质，水田，菜-稻轮作或双季稻；热带海洋性气候，年均日照时数约为 1900 h，年均气温为 23～24℃，年均降水量为 1900～2000 mm。

保城系典型景观

土系特征与变幅　诊断层包括水耕表层、水耕氧化还原层、漂白层；诊断特性包括高热土壤温度状况、人为滞水土壤水分状况、氧化还原特征。土体厚度大于 1.2 m，漂白层上界出现于 25～30 cm 深度，厚度 40～50 cm，砂粒含量高于 650 g/kg，黏粒含量低于 100 g/kg，砂质壤土；氧化还原特征土层上界出现于 60～70 cm 深，厚度约为 50 cm，细砂含量高于 700 g/kg，砂质壤土；细土质地为壤质砂土-砂质壤土，pH 5.5～6.5。

对比土系　提蒙系，同一土类，不同亚类，土体剖面无漂白层，60～100 cm 深度具有潜育特征，为底潜铁聚水耕人为土。

利用性能综述　土壤质地偏砂，耕性好，通透性好，但土壤有机质含量偏低，不利于保水保肥，土壤氮、磷养分含量一般。改良应推广秸秆还田，增施有机肥和注重平衡施肥，提高土壤有机质含量，培肥地力。

参比土种　麻赤土田。

代表性单个土体　位于海南省保亭县保城镇，18°38′18.6″N，109°41′17.9″E，海拔 50 m，丘陵缓坡地带，花岗岩风化物母质，水田，菜-稻轮作或双季稻。50 cm 深土壤温度为 27.1℃。野外调查时间为 2010 年 5 月 29 日，编号为 46-124。

Ap1: 0～15 cm，灰白色（2.5Y8/1，干），淡灰色（2.5Y7/1，润），壤质砂土，块状结构，疏松，向下平滑渐变过渡。

Ap2: 15～26 cm，灰白色（2.5Y8/2，干），浅淡黄色（2.5Y8/3，润），壤质砂土，块状结构，稍坚实，无锈纹锈斑，向下平滑渐变过渡。

E: 26～67 cm，灰色（5Y6/1，干），灰橄榄色（5Y6/2，润），砂质壤土，块状结构，稍坚实，向下平滑渐变过渡。

Br: 67～120 cm，灰黄棕色（10YR5/2，干），浊黄棕色（10YR4/3，润），砂质壤土，块状结构，坚实，有少量锈纹锈斑。

保城系代表性单个土体剖面

保城系代表性单个土体土壤物理性质

土层	深度/cm	砾石(>2mm，体积分数)/%	细土颗粒组成 (粒径：mm)/(g/kg)			质地	容重/(g/cm³)
			砂粒 2～0.05	粉粒 0.05～0.002	黏粒 <0.002		
Ap1	0～15	0	859	68	73	壤质砂土	1.16
Ap2	15～26	0	805	121	74	壤质砂土	1.34
E	26～67	0	687	220	93	砂质壤土	1.47
Br	67～120	0	712	205	83	砂质壤土	1.49

保城系代表性单个土体土壤化学性质

深度/cm	pH	有机碳/(g/kg)	全氮(N)/(g/kg)	全磷(P)/(g/kg)	全钾(K)/(g/kg)	阳离子交换量/[cmol(+)/kg]	游离氧化铁/(g/kg)
0～15	5.6	4.2	0.38	0.23	31.32	1.8	4.3
15～26	5.7	2.7	0.16	0.27	32.76	2.8	5.7
26～67	5.9	3.7	0.32	0.23	33.27	4.7	5.0
67～120	6.1	2.4	0.16	0.38	33.51	4.3	13.0

4.6 底潜铁聚水耕人为土

4.6.1 加乐系（Jiale Series）

土 族：砂质硅质混合型酸性高热性-底潜铁聚水耕人为土
拟定者：漆智平，王登峰，王 华

分布与环境条件 分布于海南北部宽谷平原区，地势平缓，海拔 60～100 m；洪积物母质，水田，菜-稻轮作或双季稻；热带海洋性气候，年均日照时数为 2000～2100 h，年均气温为 24～25℃，年均降水量为 1800～2000 mm。

加乐系典型景观

土系特征与变幅 诊断层包括水耕表层、水耕氧化还原层；诊断特性包括高热土壤温度状况、人为滞水土壤水分状况、潜育特征、氧化还原特征。土体厚度 1.4 m 以上，水耕氧化还原层上界一般出现于 25 cm 以上土层，厚度 1 m 以上，砂粒含量为 800～900 g/kg，粉粒和黏粒含量均低于 100 g/kg，壤质砂土，多量铁锰氧化斑纹；潜育特征土层上界出现于 70 cm 左右深土层，有中量铁锰氧化斑纹；剖面通体为壤质砂土，土壤 pH 4.5～5.5。

对比土系 提蒙系，同一亚类，不同土族，土壤酸碱反应类别为非酸性，pH 5.5～6.0，水耕氧化还原层厚度约为 70 cm，砂质黏壤土。

利用性能综述 土体深厚，耕作层发育较好，耕性较好，分布地区灌溉条件优越，是重要的粮田土壤，但土壤有机质含量中等，氮磷钾缺乏。在种植水稻过程中，应平衡施肥，并适量施用石灰，提高土壤 pH。

参比土种 洪积沙泥田。

代表性单个土体 位于海南省澄迈县加乐镇石坑村，19°35′46.4″N，110°00′17.3″E，海拔 86 m，宽谷平原区，洪积物母质，水田，菜-稻轮作或双季稻。50 cm 深土壤温度为 26.4℃。野外调查时间为 2010 年 11 月 29 日，编号 46-042。

Ap1: 0～12 cm，棕灰色（7.5YR4/2，干），黑棕色（7.5YR3/1，润），壤质砂土，小块状结构，疏松，少量模糊铁斑纹，向下平滑清晰过渡。

Ap2: 12～20 cm，棕色（7.5YR4/4，干），黑棕色（7.5YR3/1，润），壤质砂土，块状结构，稍坚实，少量明显铁斑纹，向下平滑清晰过渡。

Br: 20～70 cm，黄棕色（10YR5/8，干），灰黄棕色（10YR6/2，润），壤质砂土，棱柱状结构，稍坚实，多量明显铁斑纹，向下平滑清晰过渡。

Bg: 70～140 cm，灰黄棕色（10YR5/2，干），棕灰色（10YR5/1，润），壤质砂土，棱柱状结构，稍坚实，有亚铁反应，少量铁锰斑纹。

加乐系代表性单个土体剖面

加乐系代表性单个土体土壤物理性质

土层	深度 /cm	砾石 (>2mm，体积分数)/%	细土颗粒组成 (粒径：mm)/(g/kg)			质地	容重 /(g/cm³)
			砂粒 2～0.05	粉粒 0.05～0.002	黏粒 <0.002		
Ap1	0～12	0	863	68	69	壤质砂土	1.50
Ap2	12～20	0	875	65	59	壤质砂土	1.74
Br	20～70	0	819	116	65	壤质砂土	1.75
Bg	70～140	0	863	112	25	壤质砂土	—

加乐系代表性单个土体土壤化学性质

深度 /cm	pH H₂O	pH KCl	有机碳 /(g/kg)	全氮(N) /(g/kg)	全磷(P) /(g/kg)	全钾(K) /(g/kg)	阳离子交换量 /[cmol(+)/kg]	游离氧化铁 /(g/kg)
0～12	4.9	4.1	16.9	0.70	0.45	13.52	2.6	9.8
12～20	5.2	4.4	9.4	0.43	0.27	9.30	1.8	11.2
20～70	4.8	4.0	2.9	0.22	0.07	17.73	2.4	18.9
70～140	4.8	4.1	5.7	0.22	0.04	16.03	1.5	8.5

4.6.2　提蒙系（**Timeng Series**）

土　族：砂质硅质混合型非酸性高热性-底潜铁聚水耕人为土

拟定者：漆智平，王登峰，王　华

分布与环境条件　分布于海南东南部海积平原区，地势低平，海拔 20～30 m；浅海沉积物母质，水田，菜-稻轮作或双季稻；热带海洋性气候，年均日照时数为 2000～2100 h，年均气温为 25～26℃，年均降水量为 1700～1800 mm。

提蒙系典型景观

土系特征与变幅　诊断层包括水耕表层、水耕氧化还原层；诊断特性包括高热土壤温度状况、人为滞水土壤水分状况、潜育特征、氧化还原特征。土体厚度大于 1.2 m，水耕氧化还原层出现于 20～25 cm 土层，厚度约为 70 cm；潜育特征土层上界出现于 90～100 cm 深度，厚度为 20～30 cm；水耕氧化还原层和潜育特征土层细土砂粒含量均高于 600 g/kg，黏粒含量低于 300 g/kg，砂质黏壤土，pH 约为 7.0；水耕表层黏粒含量低于 150 g/kg，砂质壤土，pH 5.5～6.0。

对比土系　加乐系，同一亚类，不同土族，土壤酸碱反应类别为酸性，pH 4.5～5.5，水耕氧化还原层厚度 1 m 以上，细土质地为壤质砂土-砂质壤土。

利用性能综述　土体深厚，但耕作层较浅薄，土壤质地为砂质壤土，耕性好，透气性好。在种植过程中，应推广秸秆还田，提高土壤有机质含量，培肥地力。

参比土种　滨海沙土田。

代表性单个土体　位于海南省陵水县提蒙乡提蒙村，18°34′15″N，110°00′55″E，海拔 28 m，海积平原区，浅海沉积物母质，水田，菜-稻轮作或双季稻。50 cm 深土壤温度为 27.2℃。野外调查时间为 2010 年 5 月 30 日，编号 46-116。

Ap1：0～15 cm，灰黄色（2.5Y7/2，干），浊黄色（2.5Y6/3，润），砂质壤土，块状结构，疏松，向下平滑渐变过渡。

Ap2：15～24 cm，灰黄色（2.5Y7/2，干），浊黄色（2.5Y6/3，润），砂质壤土，块状结构，较坚实，向下平滑渐变过渡。

Br：24～94 cm，浊黄色（2.5Y6/3，干），浊黄色（2.5Y6/4，润），砂质黏壤土，块状结构，稍坚实，少量锈纹锈斑，向下平滑渐变过渡。

Bg：94～125 cm，淡蓝灰色（10BG7/1，润），蓝灰色（10BG6/1，润），砂质黏壤土，块状结构，坚实，有亚铁反应，极少量石英颗粒。

提蒙系代表性单个土体剖面

提蒙系代表性单个土体土壤物理性质

土层	深度 /cm	砾石 (>2mm，体积分数)/%	细土颗粒组成 (粒径：mm)/(g/kg)			质地	容重 /(g/cm³)
			砂粒 2～0.05	粉粒 0.05～0.002	黏粒 <0.002		
Ap1	0～15	0	702	207	91	砂质壤土	1.17
Ap2	15～24	0	564	305	131	砂质壤土	1.30
Br	24～94	0	604	133	263	砂质黏壤土	1.39
Bg	94～125	0	622	132	246	砂质黏壤土	1.42

提蒙系代表性单个土体土壤化学性质

深度 /cm	pH	有机碳 /(g/kg)	全氮(N) /(g/kg)	全磷(P) /(g/kg)	全钾(K) /(g/kg)	阳离子交换量 /[cmol(+)/kg]	游离氧化铁 /(g/kg)
0～15	5.6	7.4	0.59	0.30	16.42	4.5	2.3
15～24	6.0	3.2	0.43	0.23	16.05	6.6	2.4
24～94	7.0	1.6	0.15	0.11	15.86	4.5	15.0
94～125	7.0	1.1	0.09	0.19	15.72	4.3	13.2

4.6.3　冲南系（**Chongnan Series**）

土　族：壤质硅质混合型非酸性高热性-底潜铁聚水耕人为土
拟定者：漆智平，王登峰，王　华

分布与环境条件　分布于海
南西南部丘陵山地坡脚，海
拔 100~120 m；安山岩风化
物母质，水田，水旱（玉米、
南瓜）轮作或单季稻；热带
海洋性气候，年均日照时数
约为 2200 h，年均气温为
24~25℃，年均降水量为
1300~1400 mm。

冲南系典型景观

土系特征与变幅　诊断层包括水耕表层、水耕氧化还原层；诊断特性包括高热土壤温度
状况、人为滞水土壤水分状况、潜育特征、氧化还原特征。土体厚度 1.2 m 以上，水耕
氧化还原层上界出现于 25~30 cm 土层，厚度 80~100 cm，细土黏粒含量低于 200 g/kg，
细砂含量高于 400 g/kg，壤土，有少量锈纹锈斑，pH 6.5~7.0；潜育特征土层上界出现
于 80~90 cm 土层，厚度 30~40 cm；水耕表层土壤 pH 5.0~6.5。

对比土系　九所系，同一土族，浅海沉积物母质，具潜育特征土层上界出现于 70 cm 左
右深度，棕灰色（10YR），土体细土质地为粉砂壤土-壤土。

利用性能综述　土体深厚，土壤质地为壤土，耕作层发育较好，耕性好，通透性强，但
土壤有机质和有效磷含量低。在利用上应注重推广秸秆还田，增施磷肥，配施有机肥，
培肥地力。

参比土种　安赤土田。

代表性单个土体　位于海南省东方市东方镇冲南村，19°01′18.5″N，108°58′4.6″E，海拔
102 m，地山丘陵坡脚地带，安山岩风化物母质，水田，玉米-水稻轮作或单季稻。50 cm
深土壤温度为 26.8℃。野外调查时间为 2010 年 1 月 13 日，编号为 46-100。

Ap1：0～16 cm，灰白色（2.5Y8/1，干），浅灰色（2.5Y7/1，润），壤土，小块状结构，疏松，向下平滑渐变过渡。

Ap2：16～26 cm，灰白色（2.5Y8/2，干），灰黄色（2.5Y7/2，润），壤土，块状结构，稍坚实，少量锈纹锈斑，向下平滑渐变过渡。

Br： 26～80 cm，红灰色（2.5YR6/1，干），灰红色（2.5YR5/2，润），壤土，块状结构，坚实，中量锈纹锈斑，向下平滑渐变过渡。

Bg： 80～110 cm，淡灰色（5Y7/1，干），灰色（5Y6/1，润），壤土，块状结构，坚实，有亚铁反应，少量锈斑锈纹。

冲南系代表性单个土体剖面

冲南系代表性单个土体土壤物理性质

| 土层 | 深度 /cm | 砾石 (>2mm，体积分数)/% | 细土颗粒组成 (粒径: mm)/(g/kg) | | | 质地 | 容重 /(g/cm³) |
			砂粒 2～0.05	粉粒 0.05～0.002	黏粒 <0.002		
Ap1	0～16	0	502	415	83	壤土	1.21
Ap2	16～26	0	469	428	103	壤土	1.34
Br	26～80	0	435	396	169	壤土	1.46
Bg	80～110	0	409	499	92	壤土	1.56

冲南系代表性单个土体土壤化学性质

深度 /cm	pH	有机碳 /(g/kg)	全氮(N) /(g/kg)	全磷(P) /(g/kg)	全钾(K) /(g/kg)	阳离子交换量 /[cmol(+)/kg]	游离氧化铁 /(g/kg)
0～16	5.0	6.5	0.35	0.10	25.39	8.2	3.5
16～26	6.2	4.1	0.34	0.11	26.69	8.6	15.5
26～80	6.6	2.7	0.27	0.06	28.43	8.5	5.8
80～110	6.9	2.6	0.18	0.08	22.63	9.8	6.4

4.6.4 九所系（Jiusuo Series）

土　族：壤质硅质混合型非酸性高热性-底潜铁聚水耕人为土
拟定者：漆智平，王登峰，王　华

分布与环境条件　分布于海南西南部沿海地区海积平原区，地势低平，海拔低于 20 m；浅海沉积物母质，水田，蔬菜-水稻轮作或单季稻；热带海洋性气候，年均日照时数为 2100～2200 h，年平均气温为 25～26℃，年均降雨量为 1300～1400 mm。

九所系典型景观

土系特征与变幅　诊断层包括水耕表层、水耕氧化还原层；诊断特性包括高热土壤温度状况、人为滞水土壤水分状况、潜育特征、氧化还原特征。土体厚度约为 1 m，水耕氧化还原层上界出现于 25～30 cm 深度，厚度 50～70 cm，粉粒含量为 500～600 g/kg，粉砂壤土；具潜育特征土层上界出现于 70 cm 左右深度，厚度约为 20 cm；黏粒含量低于 150 g/kg；细土质地为粉砂壤土-壤土，pH 4.8～5.8。

对比土系　冲南系，同一土族，安山岩坡积物母质，具潜育特征土层上界出现于 90～100 cm 深度，灰色（5YR），剖面通体为壤土。

利用性能综述　土体发育较好，耕性较好，但土壤有机质和养分元素含量偏低。应加强排灌设施建设，施用有机肥，在提高土壤有机质含量的基础上施用氮磷钾肥。

参比土种　滨海砂质田。

代表性单个土体　位于海南省乐东县九所镇，18°26′59.7″N，108°54′36.7″E，海拔 5 m，海积平原区，浅海沉积物母质，水田，玉米（南瓜）—水稻轮作或单季稻。50 cm 深土壤温度为 27.3℃。野外调查时间为 2010 年 11 月 25 日，编号 46-029。

Ap1: 0～18 cm，橙白色（5YR8/1，干），淡棕灰色（5YR7/2，润），壤土，小块状结构，稍坚实，中量铁斑纹，向下平滑清晰过渡。

Ap2: 18～28 cm，橙白色（5YR8/1，干），淡棕灰色（5YR7/2，润），壤土，棱柱状结构，坚实，中量铁斑纹，向下平滑清晰过渡。

Br: 28～70 cm，橙白色（5YR8/1，干），淡棕灰色（5YR7/2，润），粉砂壤土，棱柱状结构，坚实，中量铁斑纹，向下平滑渐变过渡。

Bg: 70～93 cm，棕灰色（10YR6/1，干），棕灰色（10YR5/1，润），粉砂壤土，棱柱状结构，坚实，有亚铁反应，少量铁斑纹。

九所系代表性单个土体剖面

九所系代表性单个土体土壤物理性质

土层	深度 /cm	砾石 (>2mm，体积分数)/%	细土颗粒组成 (粒径：mm)/(g/kg)			质地	容重 /(g/cm³)
			砂粒 2～0.05	粉粒 0.05～0.002	黏粒 <0.002		
Ap1	0～18	0	432	446	122	壤土	1.52
Ap2	18～28	0	469	460	71	壤土	1.88
Br	28～70	0	412	509	79	粉砂壤土	1.70
Bg	70～93	0	322	569	109	粉砂壤土	—

九所系代表性单个土体土壤化学性质

深度 /cm	pH		有机碳 /(g/kg)	全氮(N) /(g/kg)	全磷(P) /(g/kg)	全钾(K) /(g/kg)	阳离子交换量 /[cmol(+)/kg]	游离氧化铁 /(g/kg)
	H_2O	KCl						
0～18	4.9	3.8	15.9	0.83	0.29	25.18	7.9	5.0
18～28	5.6	4.3	5.1	0.33	0.09	26.95	7.6	10.7
28～70	5.4	4.5	3.7	0.17	0.11	25.38	6.4	8.2
70～93	5.6	4.6	4.3	0.12	0.98	24.08	16.8	23.8

4.7　普通铁聚水耕人为土

4.7.1　农兰扶系（**Nonglanfu Series**）

土　族：砂质硅质型非酸性高热性–普通铁聚水耕人为土
拟定者：漆智平，王登峰，王　华

分布与环境条件　分布于海
南北部丘陵山地坡脚台地，
海拔 60～100 m；玄武岩火
山灰母质，水田，蔬菜–水稻
轮作或双季稻；热带海洋性
气候，年平均日照时数为
1900～2000 h，年平均气温
为 23～24℃，年均降水量为
1700～1800 mm。

农兰扶系典型景观

土系特征与变幅　诊断层包括水耕表层、水耕氧化还原层；诊断特性包括高热土壤温度
状况、人为滞水土壤水分状况、氧化还原特征。土体厚度 70～80 cm，水耕氧化还原层
上界出现于 30 cm 左右深度，厚度 40～50 cm，可见中量铁锰氧化斑纹；剖面通体黏粒
含量低于 100 g/kg，细砂含量为 650～850 g/kg，壤质砂土–砂质壤土，pH 4.8～5.6。

对比土系　美汉系，不同土类，空间位置相近，河流冲积物母质，有潜育特征，具潜育
特征土层上界出现于 25～30 cm 深度，厚度 50～60 cm，属铁聚潜育水耕人为土。

利用性能综述　土体发育一般，耕作层为壤质砂土，耕性较好，其土壤有机质含量中等，
氮磷钾养分元素含量低。在种植水稻过程中，应注重增施有机肥，并加强氮磷钾肥施用，
提高土壤肥力。

参比土种　黑泥散田。

代表性单个土体　位于海南省临高县加来农兰扶，19°42′18.2″N，109°41′28.5″E，海拔
72 m，低山丘陵山脚的缓岗平原区，玄武岩火山灰母质，水田，蔬菜–水稻轮作或双季稻。
50 cm 深土壤温度为 26.3℃。野外调查时间为 2010 年 11 月 28 日，编号 46-034。

Ap1：0～21 cm，灰黄棕色（10YR6/2，干），灰黄棕色（10YR5/2，润），壤质砂土，块状结构，疏松，中量铁锰斑纹，向下波状清晰过渡。

Ap2：21～30 cm，棕灰色（10YR6/1，干），灰黄棕色（10YR5/2，润），壤质砂土，鳞片状结构，较坚实，中量铁锰斑纹，向下清晰渐变过渡。

Br1：30～49 cm，浊棕色（7.5YR6/3，干），浊棕色（7.5YR5/3，润），壤质砂土，柱状结构，坚实，少量铁斑纹，向下不规则清晰过渡。

Br2：49～78 cm，浊橙色（7.5YR6/4，干），亮棕色（7.5YR5/6，润），砂质壤土，棱块状结构，坚实，中量铁斑纹。

农兰扶系代表性单个土体剖面

农兰扶系代表性单个土体土壤物理性质

土层	深度 /cm	砾石 (>2mm，体积分数)/%	细土颗粒组成（粒径：mm）/(g/kg)			质地	容重 /(g/cm³)
			砂粒 2～0.05	粉粒 0.05～0.002	黏粒 <0.002		
Ap1	0～21	0	825	145	30	壤质砂土	1.50
Ap2	21～30	0	825	129	46	壤质砂土	1.93
Br1	30～49	0	834	116	50	壤质砂土	2.04
Br2	49～78	0	676	267	57	砂质壤土	—

农兰扶系代表性单个土体土壤化学性质

深度 /cm	pH		有机碳 /(g/kg)	全氮(N) /(g/kg)	全磷(P) /(g/kg)	全钾(K) /(g/kg)	阳离子交换量 /[cmol(+)/kg]	游离氧化铁 /(g/kg)
	H₂O	KCl						
0～21	4.8	3.9	15.4	0.47	0.28	0.84	1.8	4.0
21～30	5.0	4.2	6.3	0.21	1.06	0.94	1.3	4.0
30～49	5.6	4.4	4.3	0.10	0.39	0.92	0.8	48.8
49～78	5.5	4.5	2.3	0.09	0.68	0.98	10.6	4.7

4.7.2　长坡系（**Changpo Series**）

土　族：砂质硅质混合型非酸性高热性-普通铁聚水耕人为土
拟定者：漆智平，王登峰，王　华

分布与环境条件　分布于海南东南部沿海地区海积平原区，地势低平，海拔低于 20 m；浅海沉积物母质，水田，圣女果（西甜瓜）-水稻轮作或单季稻；热带海洋性气候，年均日照时数约 2000 h，年均气温为 25.2℃，年均降水量为 1700～1800 mm。

长坡系典型景观

土系特征与变幅　诊断层包括水耕表层、水耕氧化还原层；诊断特性包括高热土壤温度状况、人为滞水土壤水分状况、氧化还原特征。土体厚度 1 m 以上，水耕氧化还原层上界出现于 25～30 cm 深度，厚度 70～80 cm，细土黏粒含量低于 100 g/kg，粉粒含量低于 300 g/kg，砂质壤土，少量锈纹锈斑，pH 6.0～7.5。

对比土系　冲坡系，同一土族，水耕表层质地为壤质砂土，细土质地为壤质砂土-砂质壤土。大安系，同一土族，河流冲积物母质，水耕氧化还原层厚度 30～40 cm。光坡系，同一土族，水耕氧化还原层为砂质壤土-砂质黏壤土。利国系，同一土族，水耕氧化还原层上界出现于 30～40 cm 深度，厚度 60～70 cm。田独系，同一土族，河流冲积物母质，水耕表层质地为壤土，细土质地为砂质壤土-壤土。

利用性能综述　土体深厚，土壤质地偏粗，为砂质壤土，可耕性好，疏松透气，保肥能力差，土壤有机质和氮、磷含量偏低。在利用时应注重水旱轮作，如花生-水稻轮作，注重施用磷肥，并配合秸秆还田和有机肥施用，提高养分含量，培肥地力。

参比土种　浅海赤土田。

代表性单个土体　位于海南省陵水县长城乡长坡村，18°26′30.5″N，109°56′12.3″E，海拔 3 m，海积平原区，浅海沉积物母质，水田，圣女果-水稻轮作或双季稻。50 cm 深土壤温度为 27.3℃。野外调查时间为 2010 年 5 月 30 日，编号为 46-120。

Ap1：0～16 cm，灰黄棕色（10YR5/2，干），浊黄棕色（10YR4/3，润），砂质壤土，小块状结构，疏松，无锈纹锈斑，向下平滑渐变过渡。

Ap2：16～25 cm，棕灰色（10YR6/1，干），浊黄棕色（10YR5/3，润），砂质壤土，块状结构，稍坚实，少量锈纹锈斑，向下平滑渐变过渡。

Br1：25～65 cm，浊黄色（2.5Y7/3，干），亮黄棕色（2.5Y6/6，润），砂质壤上，块状结构，稍坚实，上部有中量锈纹，向下平滑渐变过渡。

Br2：65～100 cm，浊黄色（2.5Y6/3，干），浊黄色（2.5Y6/4，润），砂质壤土，块状结构，坚实，少量锈斑锈纹。

长坡系代表性单个土体剖面

长坡系代表性单个土体土壤物理性质

土层	深度 /cm	砾石 (>2mm，体积分数)/%	细土颗粒组成（粒径：mm）/(g/kg)			质地	容重 /(g/cm³)
			砂粒 2～0.05	粉粒 0.05～0.002	黏粒 <0.002		
Ap1	0～16	0	685	239	76	砂质壤土	1.09
Ap2	16～25	0	695	239	66	砂质壤土	1.21
Br1	25～65	0	689	249	62	砂质壤土	1.31
Br2	65～100	0	638	263	99	砂质壤土	1.34

长坡系代表性单个土体土壤化学性质

深度 /cm	pH	有机碳 /(g/kg)	全氮(N) /(g/kg)	全磷(P) /(g/kg)	全钾(K) /(g/kg)	阳离子交换量 /[cmol(+)/kg]	游离氧化铁 /(g/kg)
0～16	6.1	5.2	0.43	0.14	30.90	4.9	2.9
16～25	6.2	2.3	0.16	0.14	32.76	4.8	3.8
25～65	6.3	0.9	0.07	0.08	30.81	5.0	2.2
65～100	7.2	1.0	0.09	0.08	32.91	5.5	7.6

4.7.3　冲坡系（Chongpo Series）

土　　族：砂质硅质混合型非酸性高热性-普通铁聚水耕人为土
拟定者：漆智平，王登峰，王　华

分布与环境条件　分布于海南西南部沿海地区海积平原区，地势低平，海拔低于10 m；浅海沉积物母质，水田，菜-稻轮作或单季稻；热带海洋性气候，年均日照时数为 2100～2200 h，年均气温为 25～26℃，年均降水量为 1300～1400 mm。

冲坡系典型景

土系特征与变幅　诊断层包括水耕表层、水耕氧化还原层；诊断特性包括高热土壤温度状况、人为滞水土壤水分状况、氧化还原特征。土体厚度 1 m 以上，水耕氧化还原层上界出现于 30～35 cm 土层，厚度 70～80 cm；剖面土壤细砂含量为 700～850 g/kg，黏粒含量低于 100 g/kg，壤质壤土-砂质壤土，pH 5.0～6.0，水耕氧化还原层有中量锈纹锈斑。

对比土系　长坡系，同一土族，水耕表层为砂质壤土，通体为砂质壤土。大安系，同一土族，河流冲积物母质，水耕氧化还原层厚度 30～40 cm。光坡系，同一土族，水耕氧化还原层为砂质壤土，细土质地为砂质壤土-砂质黏壤土。利国系，同一土族，通体为砂质壤土。田独系，同一土族，河流冲积物母质，水耕表层为壤土，细土质地为砂质壤土-壤土。

利用性能综述　土体较深厚，耕作层发育较好，可耕性好，但土壤有机质和土壤养分元素含量均较低，在生产上应注重增施有机肥，培肥地力；土壤偏酸，应适量施用石灰，以改善土壤酸性。

参比土种　滨海砂质田。

代表性单个土体　位于海南省乐东县冲坡镇新灵村，18°28′36.8″N，108°51′21.2″E，海拔 3 m，海积平原区，浅海沉积物母质，水田，菜-稻轮作或单季稻。50 cm 深土壤温度为 27.3℃。野外调查时间为 2010 年 11 月 26 日，编号 46-028。

Ap1：0～15 cm，棕灰色（10YR6/1，干），灰黄棕色（10YR5/2，润），壤质砂土，小块状结构，疏松，少量模糊铁斑纹，少量模糊铁锰胶膜，向下平滑清晰过渡。

Ap2：15～32 cm，淡红灰色（2.5YR7/1，干），灰红色（2.5YR6/2，润），壤质砂土，块状结构，稍坚实，少量模糊小的铁锰斑纹，中量明显铁锰胶膜，向下平滑清晰过渡。

Br1：32～51 cm，橙白色（10YR8/2，干），浊黄橙色（10YR7/2，润），砂质壤土，棱块状结构，坚实，中量明显中等铁斑纹，向下平滑清晰过渡。

Br2：51～104 cm，浊黄橙色（10YR7/3，干），浊黄橙色（10YR7/4，润），砂质壤土，棱块状结构，坚实，中量铁斑纹。

冲坡系代表性单个土体剖面

冲坡系代表性单个土体土壤物理性质

土层	深度/cm	砾石(>2mm，体积分数)/%	细土颗粒组成（粒径：mm）/(g/kg)			质地	容重/(g/cm³)
			砂粒 2～0.05	粉粒 0.05～0.002	黏粒 <0.002		
Ap1	0～15	0	777	145	78	壤质砂土	1.62
Ap2	15～32	0	841	89	70	壤质砂土	1.86
Br1	32～51	0	736	186	78	砂质壤土	1.98
Br2	51～104	0	717	208	75	砂质壤土	—

冲坡系代表性单个土体土壤化学性质

深度/cm	pH H₂O	pH KCl	有机碳/(g/kg)	全氮(N)/(g/kg)	全磷(P)/(g/kg)	全钾(K)/(g/kg)	阳离子交换量/[cmol(+)/kg]	游离氧化铁/(g/kg)
0～15	5.2	4.6	8.5	0.43	0.18	21.68	1.9	0.9
15～32	5.9	5.1	1.5	0.05	0.13	16.44	1.8	1.6
32～51	5.3	4.6	1.3	0.06	0.01	16.39	2.5	1.7
51～104	5.7	4.8	1.7	0.14	0.01	16.77	5.5	12.3

4.7.4　大安系（Daan Series）

土　族：砂质硅质混合型非酸性高热性-普通铁聚水耕人为土
拟定者：漆智平，王登峰，王　华

分布与环境条件　分布于海南西部山地坡脚缓坡地带，地势平缓，海拔 150～200 m；河流冲积物母质，水田，蔬菜-水稻轮作或单季稻；热带海洋性气候，年均日照时数为 2100～2200 h，年均气温为 25～26℃，年均降水量为 1300～1400 mm。

大安系典型景观

土系特征与变幅　诊断层包括水耕表层、水耕氧化还原层；诊断特性包括高热土壤温度状况、人为滞水土壤水分状况、氧化还原特征。土体厚度 0.6 m 以上，水耕氧化还原层上界出现于 20～25 cm 深度，厚度 30～40 cm；剖面通体砂粒含量约为 750 g/kg，黏粒含量 100～150 g/kg，砂质壤土，pH 5.0～6.5。

对比土系　长坡系，同一土族，浅海沉积物母质，水耕氧化还原层上界一般出现于 25～30 cm 深度，厚度 70～80 cm。冲坡系，同一土族，浅海沉积物母质，水耕氧化还原层上界出现于 30～35 cm 土层，厚度 70～80 cm，水耕表层为壤质砂土。光坡系，同一土族，浅海沉积物母质，水耕氧化还原层上界出现于 30～40 cm 深度，厚度 1 m 以上，水耕氧化还原层为砂质壤土-砂质黏壤土。利国系，同一土族，浅海沉积物母质，水耕氧化还原层出现于 30～40 cm 深度，厚度 60～70 cm。田独系，同一土族，水耕氧化还原层厚度 1 m 以上，水耕表层为壤土，细土质地为砂质壤土-壤土。

利用性能综述　分布于坡脚平原区，耕作层发育较好，砂质壤土，耕性好，透气性好，但地下水位偏高，土壤有机质含量一般，有效磷缺乏。应平衡施肥，适当增施磷肥，加强管理，预防次生潜育化。

参比土种　谷积沙泥田。

代表性单个土体　位于海南省乐东县大安镇万车村，18°39′56.8″N，109°12′26″E，海拔 182 m，山地坡脚缓坡地带，河流冲积物母质，水田，菜-稻轮作或单季稻。50 cm 深土壤温度为 27.0℃。野外调查时间为 2010 年 1 月 13 日，编号为 46-103。

Ap1: 0～17 cm，灰黄棕色（10YR5/2，干），浊黄棕色（10YR4/3，润），砂质壤土，块状结构，疏松，向下平滑清晰过渡。

Ap2: 17～23 cm，浊黄橙色（10YR6/4，干），黄棕色（10YR5/8，润），砂质壤土，块状结构，稍坚实，中量锈纹锈斑，向下平滑渐变过渡。

Br: 23～60 cm，黄棕色（10YR5/6，干），黄棕色（10YR5/8，润），砂质壤土，小块状结构，稍坚实，少量锈纹锈斑。

大安系代表性单个土体剖面

大安系代表性单个土体土壤物理性质

土层	深度/cm	砾石（>2mm，体积分数)/%	细土颗粒组成（粒径：mm)/(g/kg)			质地	容重/(g/cm³)
			砂粒 2～0.05	粉粒 0.05～0.002	黏粒 <0.002		
Ap1	0～17	0	676	192	132	砂质壤土	1.31
Ap2	17～23	0	687	172	141	砂质壤土	1.50
Br	23～60	0	751	139	110	砂质壤土	1.57

大安系代表性单个土体土壤化学性质

深度/cm	pH	有机碳/(g/kg)	全氮(N)/(g/kg)	全磷(P)/(g/kg)	全钾(K)/(g/kg)	阳离子交换量/[cmol(+)/kg]	游离氧化铁/(g/kg)
0～17	5.0	16.2	1.41	0.14	23.44	4.5	3.6
17～23	5.6	4.3	0.43	0.13	22.87	4.2	11.9
23～60	6.3	0.8	0.26	0.06	25.76	3.4	6.4

4.7.5　光坡系（**Guangpo Series**）

土　族：砂质硅质混合型非酸性高热性-普通铁聚水耕人为土
拟定者：漆智平，王登峰，王　华

分布与环境条件　分布于海南东部海积平原边缘地带，地势低平，海拔 20～40 m；浅海沉积物母质，水田，菜-稻轮作或单季稻；热带海洋性气候，年均日照时数为 2000～2100 h，年均气温为 25～26℃，年均降水量为 1700～1800 mm。

光坡系典型景观

土系特征与变幅　诊断层包括水耕表层、水耕氧化还原层；诊断特性包括高热土壤温度状况、人为滞水土壤水分状况、氧化还原特征。土体厚度 1.5 m 以上，水耕氧化还原层上界出现于 30～40 cm 深度，厚度 1 m 以上，细土黏粒含量在 200 g/kg 以下，砂质壤土-砂质黏壤土，少量锈纹锈斑，pH 6.5～7.0；水耕表层细砂含量高于 700 g/kg，砂质壤土，pH 5.0～5.3。

对比土系　长坡系，同一土族，通体为砂质壤土。冲坡系，同一土族，水耕表层为壤质砂土，细土质地为砂质壤土-壤质砂土。大安系，同一土族，河流冲积物母质，通体为砂质壤土。利国系，同一土族，通体为砂质壤土。田独系，同一土族，河流冲积物母质，水耕表层为壤土，细土质地为砂质壤土-壤土。

利用性能综述　土体深厚，土壤质地偏粗，为砂质壤土，可耕性好，疏松透气，保肥能力差，土壤有机质含量偏低，氮、磷、钾含量较为缺乏。在利用时应注意水旱轮作，如花生-水稻轮作，推广秸秆还田，增施有机肥，提高土壤有机质含量，并注意平衡施肥，培肥地力。

参比土种　浅海低青泥田。

代表性单个土体　位于海南省陵水县光坡镇大艾园村，18°23′36.2″N，110°03′0.3″E，海拔 34 m，海积平原区，浅海沉积物母质，水田，菜-稻轮作或单季稻。50 cm 深土壤温度为 27.3℃。野外调查时间为 2010 年 5 月 30 日，编号为 46-118。

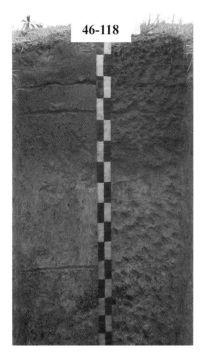

Ap1: 0～20 cm，棕灰色（10YR5/1，干），棕灰色（10YR4/1，润），砂质壤土，块状结构，疏松，向下平滑清晰过渡。

Ap2: 20～30 cm，浊黄橙色（10YR6/3，干），浊黄棕色（10YR4/3，润），砂质壤土，块状结构，较坚实，少量锈纹锈斑，向下平滑渐变过渡。

Br1: 30～106 cm，灰黄色（2.5Y7/2，干），浊黄色（2.5Y6/4润），砂质黏壤土，块状结构，稍坚实，少量锈纹锈斑，向下平滑渐变过渡。

Br2: 106～180 cm，暗灰黄色（2.5Y5/2，干），黄棕色（2.5Y5/4，润），砂质壤土，块状结构，坚实，少量锈斑锈纹。

光坡系代表性单个土体剖面

光坡系代表性单个土体土壤物理性质

| 土层 | 深度/cm | 砾石(>2mm，体积分数)/% | 细土颗粒组成（粒径：mm)/(g/kg) | | | 质地 | 容重/(g/cm³) |
			砂粒 2～0.05	粉粒 0.05～0.002	黏粒 <0.002		
Ap1	0～20	0	735	189	76	砂质壤土	1.31
Ap2	20～30	0	714	220	66	砂质壤土	1.45
Br1	30～106	0	633	165	202	砂质黏壤土	1.49
Br2	106～180	0	553	276	171	砂质壤土	1.50

光坡系代表性单个土体土壤化学性质

深度/cm	pH	有机碳/(g/kg)	全氮(N)/(g/kg)	全磷(P)/(g/kg)	全钾(K)/(g/kg)	阳离子交换量/[cmol(+)/kg]	游离氧化铁/(g/kg)
0～20	5.3	6.6	0.47	0.19	12.42	4.0	2.2
20～30	5.5	2.2	0.16	0.20	11.56	4.5	7.8
30～106	6.8	1.4	0.16	0.10	12.96	4.6	8.1
106～180	6.8	0.7	0.08	0.52	23.76	6.3	20.2

4.7.6　利国系（**Liguo Series**）

土　族：砂质硅质混合型非酸性高热性-普通铁聚水耕人为土
拟定者：漆智平，王登峰，王　华

分布与环境条件　分布于海
南西部海积平原区，海拔低
于 10 m；浅海沉积物母质，
水田，蔬菜-水稻轮作或单季
稻；热带海洋性气候，年均
日照时数为 2100～2200 h，
年平均气温为 25.5℃，年均
降水量为 1300～1400 mm。

利国系典型景观

土系特征与变幅　诊断层包括水耕表层、水耕氧化还原层；诊断特性包括高热土壤温度
状况、人为滞水土壤水分状况、氧化还原特征。土体厚度 1 m 以上，水耕氧化还原层上
界出现于 30～40 cm 深度，厚度 60～70 cm，可见角状灰白色硬的铁锰结核；剖面通体
黏粒含量低于 100 g/kg，粉粒含量低于 350 g/kg，砂质壤土，pH 4.8～5.8。

对比土系　长坡系，同一土族，水耕氧化还原层上界出现于 25～30 cm 深度，厚度为 70～
80 cm。冲坡系，同一土族，水耕表层为壤质砂土，细土质地为砂质壤土-壤质砂土。大
安系，同一土族，河流冲积物母质，水耕氧化还原层厚度 30～40 cm。光坡系，同一土
族，水耕氧化还原层为砂质壤土-砂质黏壤土。田独系，同一土族，河流冲积物母质，水
耕表层为壤土，细土质地为砂质壤土-壤土。

利用性能综述　土体较深厚，耕作层发育较好，可耕性好，但土壤有机质和土壤肥力较
低。在生产上应注重施用有机肥，培肥地力，提高土壤的保肥能力；适当施用土壤氮磷
钾肥，提高土壤养分元素含量。

参比土种　浅海赤土田。

代表性单个土体　位于海南省乐东县利国镇，18°28′02.6″N，108°52′34.3″E，海拔 2 m，
海积平原区，地势平缓，浅海沉积物母质，水田，水稻-蔬菜轮作。50 cm 深土壤温度为
27.3℃。野外调查时间为 2010 年 11 月 25 日，编号 46-027。

Ap1：0～15 cm，棕灰色（10YR6/1，干），棕灰色（10YR5/1，润），砂质壤土，小块状结构，松散，少量铁锰斑纹，向下波状清晰过渡。

Ap2：15～32 cm，棕灰色（10YR6/1，干），棕灰色（10YR5/1，润），砂质壤土，块状结构，稍坚实，中量铁锰斑纹，向下波状渐变过渡。

Br1：32～51 cm，淡灰色（10YR7/1，干），暗棕色（10YR3/3，润），砂质壤土，块状结构，坚实，多量角状灰白色硬的铁锰结核，向下波状清晰过渡。

Br2：51～104 cm，淡灰色（10YR7/1，干），灰黄棕色（10YR4/2，润），砂质壤土，棱块状结构，稍坚实，多量角状灰白色硬的铁锰结核，微酸性。

利国系代表性单个土体剖面

利国系代表性单个土体土壤物理性质

| 土层 | 深度/cm | 砾石(>2mm，体积分数)/% | 细土颗粒组成 (粒径：mm)/(g/kg) | | | 质地 | 容重/(g/cm³) |
			砂粒2～0.05	粉粒0.05～0.002	黏粒<0.002		
Ap1	0～15	0	739	194	67	砂质壤土	1.61
Ap2	15～32	0	699	251	50	砂质壤土	1.84
Br1	32～51	0	708	199	93	砂质壤土	—
Br2	51～104	0	586	331	83	砂质壤土	—

利国系代表性单个土体土壤化学性质

| 深度/cm | pH | | 有机碳/(g/kg) | 全氮(N)/(g/kg) | 全磷(P)/(g/kg) | 全钾(K)/(g/kg) | 阳离子交换量/[cmol(+)/kg] | 游离氧化铁/(g/kg) |
	H₂O	KCl						
0～15	5.1	4.0	9.4	0.50	0.32	16.94	3.5	1.9
15～32	4.9	3.8	6.9	0.30	0.18	15.93	4.0	2.5
32～51	5.6	3.9	2.1	0.17	0.18	13.84	12.6	7.6
51～104	5.8	4.2	2.6	0.07	0.10	13.77	13.0	0.7

4.7.7 田独系 (Tiandu Series)

土　族：砂质硅质混合型非酸性高热性-普通铁聚水耕人为土
拟定者：漆智平，王登峰，王　华

分布与环境条件　分布于海南南部宽谷地带，地势平缓，海拔 10~30 m；河流冲积物母质，水田，菜-稻轮作或双季稻；热带海洋性气候，年均日照时数为 2100~2200 h，年均气温为 25~26℃，年均降水量为 1600~1700 mm。

田独系典型景观

土系特征与变幅　诊断层包括水耕表层、水耕氧化还原层；诊断特性包括高热土壤温度状况、人为滞水土壤水分状况、氧化还原特征。土体厚度 1.3 m 以上，水耕氧化还原层上界出现于 25~30 cm 深度，厚度 1 m 以上，细土砂粒含量高于 600 g/kg，黏粒低于 100 g/kg，砂质壤土，有少量锈纹锈斑，pH 5.0~6.0；水耕表层土壤砂粒含量高于 400 g/kg，壤土，pH 5.0~5.5。

对比土系　长坡系，同一土族，浅海沉积物母质，通体为砂质壤土。冲坡系，同一土族，浅海沉积物母质，水耕表层为壤质砂土，细土质地为砂质壤土-壤质砂土。大安系，同一土族，水耕氧化还原层厚度 30~40 cm。光坡系，同一土族，浅海沉积物母质，水耕氧化还原层为砂质壤土-砂质黏壤土。利国系，同一土族，浅海沉积物母质，通体为砂质壤土。

利用性能综述　土体深厚，耕作层发育良好，犁底层适中，可耕性好，是重要的粮田土壤，但土壤有机质缺乏，土壤氮、磷养分含量中等，钾含量丰富。应注重增施有机肥，推广秸秆还田，培肥地力。

参比土种　河沙泥田。

代表性单个土体　位于海南省三亚市田独镇田独村，18°17′47.7″N，109°36′13.5″E，海拔 11 m，宽谷平原区，河流冲积物母质，水田，菜-稻轮作或双季稻。50 cm 深土壤温度为 27.4℃。野外调查时间为 2010 年 5 月 27 日，编号 46-109。

Ap1：0～15 cm，棕灰色（10YR6/1，干），棕灰色（10YR5/1，润），壤土，块状结构，疏松，向下平滑清晰过渡。

Ap2：15～25 cm，淡黄色（2.5Y7/3，干），亮黄棕色（2.5Y6/6，润），壤土，块状结构，稍坚实，向下平滑渐变过渡。

Br1：25～101 cm，淡黄色（2.5Y7/3，干），亮黄棕色（2.5Y6/6，润），砂质壤土，块状结构，坚实，少量棕色锈纹锈斑，向下平滑渐变过渡。

Br2：101～130 cm，淡黄色（2.5Y7/4，干），亮黄棕色（2.5Y6/6，润），砂质壤土，块状结构，坚实，少量锈纹锈斑。

田独系代表性单个土体剖面

田独系代表性单个土体土壤物理性质

| 土层 | 深度/cm | 砾石（>2mm，体积分数）/% | 细土颗粒组成 (粒径：mm)/(g/kg) | | | 质地 | 容重/(g/cm³) |
			砂粒 2～0.05	粉粒 0.05～0.002	黏粒 <0.002		
Ap1	0～15	0	419	460	121	壤土	1.28
Ap2	15～25	0	428	427	145	壤土	1.49
Br1	25～101	0	619	296	85	砂质壤土	1.65
Br2	101～130	0	631	280	89	砂质壤土	1.65

田独系代表性单个土体土壤化学性质

| 深度/cm | pH | | 有机碳/(g/kg) | 全氮(N)/(g/kg) | 全磷(P)/(g/kg) | 全钾(K)/(g/kg) | 阳离子交换量/[cmol(+)/kg] | 游离氧化铁/(g/kg) |
	H₂O	KCl						
0～15	5.1	4.1	9.7	0.99	0.40	24.84	9.3	1.6
15～25	5.6	4.5	3.2	0.40	0.24	28.09	8.9	15.8
25～101	5.2	4.2	1.9	0.21	0.14	27.03	6.0	7.2
101～130	5.8	4.9	1.1	0.14	0.15	27.84	5.8	4.0

4.7.8 畅好系（**Changhao Series**）

土　族：壤质硅质混合型非酸性高热性-普通铁聚水耕人为土
拟定者：漆智平，王登峰，王　华

分布与环境条件　分布于
海南中南部山区丘陵山地
宽谷地带，地势平缓，海拔
高于 300 m；花岗岩风化物
母质，水田，蔬菜-水稻轮
作或单季稻；热带海洋性气
候，年均日照时数为 1900～
2100 h，年均气温为 23～
24℃，年均降水量为 2100～
2200 mm。

畅好系典型景观

土系特征与变幅　诊断层包括水耕表层、水耕氧化还原层；诊断特性包括高热土壤温度
状况、人为滞水土壤水分状况、氧化还原特征。土体厚度 90～110 cm，水耕氧化还原层
上界出现于 30 cm 左右深度，厚度 70～80 cm，细土砂粒含量高于 350 g/kg，黏粒低于
150 g/kg，壤土，多量锈纹锈斑；水耕表层细砂含量为 350～400 g/kg，黏粒含量为 150～
200 g/kg，壤土；pH 5.0～6.0。

对比土系　府城系，同一土族，河流冲积物母质，细土质地为粉砂壤土-壤土。罗豆系，
同一土族，浅海沉积物母质，细土质地为砂质壤土-黏壤土。

利用性能综述　分布于丘陵坡地，土体较深厚，耕作层浅薄，且地下水位偏高，土壤有
机质、氮和钾含量中等，但磷含量偏低。在种植水稻过程中，应平衡施肥，适当增施磷
肥，实行水旱轮作，防止次生潜育化。

参比土种　麻赤坶土田。

代表性单个土体　位于海南省五指山市畅好乡番贺村，18°44′24.6″N，109°28′31.9″E，海
拔 318 m，丘陵山地宽谷地带，花岗岩风化物母质，水田，菜-稻轮作或单季稻。50 cm
深土壤温度为 26.9℃。野外调查时间为 2010 年 1 月 14 日，编号 46-128。

Ap1: 0～14 cm, 灰黄棕色（10YR5/2, 干）, 浊黄棕色（10YR4/3, 润）, 壤土, 小块状结构, 疏松, 向下平滑渐变过渡。

Ap2: 14～26 cm, 浊黄棕色（10YR5/3, 干）, 浊黄棕色（10YR4/3, 润）, 壤土, 块状结构, 稍坚实, 向下平滑清晰过渡。

Br1: 26～78 cm, 黄棕色（10YR5/6, 干）, 黄棕色（10YR5/8, 润）, 壤土, 块状结构, 稍坚实, 多量锈斑锈纹, 向下平滑渐变过渡。

Br2: 78～98 cm, 亮黄棕色（10YR6/6, 干）, 黄棕色（10YR5/8, 润）, 壤土, 块状结构, 稍坚实, 多量锈斑锈纹。

畅好系代表性单个土体剖面

畅好系代表性单个土体土壤物理性质

土层	深度 /cm	砾石 (>2mm, 体积分数)/%	细土颗粒组成 (粒径: mm)/(g/kg)			质地	容重 /(g/cm³)
			砂粒 2～0.05	粉粒 0.05～0.002	黏粒 <0.002		
Ap1	0～14	0	366	429	205	壤土	1.38
Ap2	14～26	0	382	434	184	壤土	1.52
Br1	26～78	0	503	353	144	壤土	1.52
Br2	78～98	0	384	473	143	壤土	1.47

畅好系代表性单个土体土壤化学性质

深度 /cm	pH	有机碳 /(g/kg)	全氮(N) /(g/kg)	全磷(P) /(g/kg)	全钾(K) /(g/kg)	阳离子交换量 /[cmol(+)/kg]	游离氧化铁 /(g/kg)
0～14	5.0	16.6	1.52	0.19	28.26	9.4	4.6
14～26	5.3	11.8	1.07	0.19	26.07	9.3	4.8
26～78	5.7	2.9	0.41	0.19	24.57	7.5	25.4
78～98	6.0	3.8	0.53	0.32	22.07	9.7	20.5

4.7.9 府城系（Fucheng Series）

土 族：壤质硅质混合型非酸性高热性-普通铁聚水耕人为土
拟定者：漆智平，王登峰，王 华

分布与环境条件 分布于海南北部冲积平原区，海拔 30～50 m；河流冲积物母质，水田，蔬菜-水稻轮作或双季稻；热带海洋性气候，年均日照时数约为 2100 h，年均气温为 24.2℃，年均降水量为 1700～2000 mm。

府城系典型景观

土系特征与变幅 诊断层包括水耕表层、水耕氧化还原层；诊断特性包括高热土壤温度状况、人为滞水土壤水分状况、氧化还原特征。土体厚度 1 m 以上，水耕氧化还原层上界出现于 25～30 cm 深度，厚度约为 0.8 m，细土黏粒含量低于 150 g/kg，粉粒含量为 500～700 g/kg，粉砂壤土；水耕表层黏粒含量低于 120 g/kg，细砂含量为 300～500 g/kg，粉砂壤土-壤土；pH 5.5～6.5。

对比土系 畅好系，同一土族，花岗岩风化物母质，通体为壤土。罗豆系，同一土族，浅海沉积物母质，细土质地为砂质壤土-黏壤土。

利用性能综述 土体较深厚，水耕表层质地偏砂，耕性较好，透气性好，但土壤有机质含量低，磷含量偏低。种植水稻应推广秸秆还田，培肥地力，并适时施用磷肥。

参比土种 河沙泥田。

代表性单个土体 位于海南省海口市府城镇永昌村，19°48′52.0″N，110°22′58.7″E，海拔 45 m，冲积平原区，河流冲积物母质，水田，蔬菜-水稻轮作或双季稻。50 cm 深土壤温度为 25.6℃。野外调查时间为 2010 年 1 月 26 日，编号 46-080。

Ap1：0～18 cm，棕灰色（10YR6/1，干），灰黄棕色（10YR5/2，润），粉砂壤土，块状结构，疏松，向下平滑渐变过渡。

Ap2：18～27 cm，棕灰色（10YR6/2，干），浊黄橙色（10YR6/3，润），壤土，块状结构，稍坚实，少量锈纹锈斑，向下平滑渐变过渡。

Br1：27～67 cm，浊黄橙色（10YR7/2，干），浊黄橙色（10YR6/3，润），粉砂壤土，块状结构，稍坚实，少量锈纹锈斑，向下平滑渐变过渡。

Br2：67～110 cm，浊黄橙色（10YR7/2，干），灰黄棕色（10YR6/2，润），粉砂壤土，块状结构，坚实，少量锈斑锈纹。

府城系代表性单个土体剖面

府城系代表性单个土体土壤物理性质

土层	深度 /cm	砾石 （>2mm，体积分数)/%	细土颗粒组成 (粒径：mm)/(g/kg)			质地	容重 /(g/cm³)
			砂粒 2～0.05	粉粒 0.05～0.002	黏粒 <0.002		
Ap1	0～18	0	324	560	116	粉砂壤土	1.19
Ap2	18～27	0	472	427	101	壤土	1.30
Br1	27～67	0	382	529	89	粉砂壤土	1.35
Br2	67～110	0	167	689	144	粉砂壤土	1.38

府城系代表性单个土体土壤化学性质

深度 /cm	pH	有机碳 /(g/kg)	全氮(N) /(g/kg)	全磷(P) /(g/kg)	全钾(K) /(g/kg)	阳离子交换量 /[cmol(+)/kg]	游离氧化铁 /(g/kg)
0～18	5.5	8.3	0.84	1.40	21.77	11.1	7.6
18～27	6.2	2.3	0.24	0.27	21.83	8.5	14.3
27～67	6.3	1.2	0.15	0.19	20.45	10.3	11.5
67～110	5.7	2.5	0.20	0.19	20.72	13.6	9.7

4.7.10 罗豆系（Luodou Series）

土 族：壤质硅质混合型非酸性高热性-普通铁聚水耕人为土
拟定者：漆智平，王登峰，王 华

分布与环境条件 分布于海南海积平原区，海拔低于 10 m；浅海沉积物母质，水田，西瓜-水稻轮作或单季稻；热带海洋性气候，年均日照时数为 2000～2200 h，年均温度为 23～25℃，年均降水量为 2100～2200 mm。

罗豆系典型景观

土系特征与变幅 诊断层包括水耕表层、水耕氧化还原层；诊断特性包括高热土壤温度状况、人为滞水土壤水分状况、氧化还原特征。土体厚度 1 m 以上，水耕氧化还原层上界出现于 25～30 cm 深度，厚度 70～80 m，细土黏粒含量约低于 350 g/kg，壤土-黏壤土；剖面细土质地为砂质壤土-黏壤土，中量到大量锈纹锈斑，pH 5.0～5.7。

对比土系 畅好系，同一土族，花岗岩风化物母质，通体为壤土。府城系，同一土族，河流冲积物母质，细土质地为粉砂壤土-壤土。

利用性能综述 地处海积平原，光热条件好，土体深厚，耕作层发育较好，砂质壤土-壤土，可耕性好，疏松透气，但保肥性较差，土壤有机质和养分含量均相对偏低。利用时应注意水旱轮作，如花生（番薯）—水稻轮作，并推广秸秆还田，在增施化肥的同时注重配施有机肥，培肥地力。

参比土种 浅海赤土田。

代表性单个土体 位于海南省文昌市罗豆农场，19°59′53.0″N，110°39′44.3″E，海拔 3 m，海积平原区，地形平坦，浅海沉积物母质，水田，西瓜-水稻轮作或单季稻。50 cm 深土壤温度为 26.2℃。野外调查时间为 2010 年 1 月 28 日，编号 46-086。

Ap1: 0～17 cm, 淡灰色（7.5YR7/1, 干）, 棕灰色（7.5YR6/1, 润）, 砂质壤土, 块状结构, 疏松, 向下平滑渐变过渡。

Ap2: 17～26 cm, 淡灰色（7.5YR7/1, 干）, 棕灰色（7.5YR6/1, 润）, 砂质壤土, 块状结构, 稍坚实, 少量锈纹锈斑, 向下清晰过渡。

Br1: 26～85 cm, 浊橙色（7.5YR6/4, 干）, 亮棕色（7.5YR5/6, 润）, 壤土, 块状结构, 稍坚实, 中量锈纹锈斑, 向下平滑渐变过渡。

Br2: 85～100 cm, 橙色（7.5YR6/6, 干）, 亮棕色（7.5YR5/6, 润）, 黏壤土, 块状结构, 坚实, 大量锈纹锈斑。

罗豆系代表性单个土体剖面

罗豆系代表性单个土体土壤物理性质

土层	深度/cm	砾石(>2mm, 体积分数)/%	细土颗粒组成 (粒径: mm)/(g/kg)			质地	容重/(g/cm³)
			砂粒 2～0.05	粉粒 0.05～0.002	黏粒 <0.002		
Ap1	0～17	0	476	466	58	砂质壤土	1.25
Ap2	17～26	0	521	425	54	砂质壤土	1.40
Br1	26～85	0	418	414	168	壤土	1.63
Br2	85～100	0	303	383	314	黏壤土	1.65

罗豆系代表性单个土体土壤化学性质

深度/cm	pH		有机碳/(g/kg)	全氮(N)/(g/kg)	全磷(P)/(g/kg)	全钾(K)/(g/kg)	阳离子交换量/[cmol(+)/kg]	游离氧化铁/(g/kg)
	H₂O	KCl						
0～17	5.7	4.4	3.7	0.32	0.20	1.06	8.9	1.7
17～26	5.4	4.2	1.7	0.17	0.14	1.07	8.1	2.5
26～85	5.0	4.0	1.9	0.16	0.14	4.75	8.8	63.2
85～100	5.0	4.1	2.6	0.25	0.11	1.05	9.4	94.7

4.7.11 冲山系（Chongshan Series）

土　族：黏壤质硅质混合型非酸性高热性-普通铁聚水耕人为土
拟定者：漆智平，王登峰，王　华

分布与环境条件　分布于海
南中南部丘陵山区沟谷平原
区，海拔 250～300 m；花岗
岩风化物母质，水田，蔬菜-
水稻轮作或单季稻；热带海
洋性气候，年均日照时数为
1900～2100 h，年均气温为
23～24℃，年均降水量为
2100～2200 mm。

冲山系典型景观

土系特征与变幅　诊断层包括水耕表层、水耕氧化还原层；诊断特性包括高热土壤温度
状况、人为滞水土壤水分状况、氧化还原特征。土体厚度 1 m 以上，水耕氧化还原层上
界出现于 25～30 cm 深度，厚度 70～90 cm，中量锈纹锈斑；剖面土壤细砂含量为 400～
450 g/kg，黏粒含量为 150～250 g/kg，壤土，pH 5.2～6.2。

对比土系　石坑系，同一亚类，土壤酸碱反应级别为酸性，水耕氧化还原层上界出现于
20～25 cm 深度，厚度 70～80 cm，细土质地为粉砂壤土-粉砂质黏壤土。

利用性能综述　分布于坡脚缓坡地带，土体较深厚，耕作层发育良好，可耕性好，土壤
有机质、氮和钾含量中等，但土壤缺磷。在种植水稻过程中，应平衡施肥，适当增施磷肥。

参比土种　麻赤坼土田。

代表性单个土体　位于海南省五指山市冲山镇，18°44′26.0″N，109°34′52.2″E，海拔 297 m，
丘陵山地沟谷地带，花岗岩风化物母质，水田，菜-稻轮作或单季稻。50 cm 深土壤温度
为 26.9℃。野外调查时间为 2010 年 1 月 26 日，编号 46-127。

Ap1：0～18 cm，棕灰色（10YR，6/1，干），灰黄棕色（10YR5/2，润），壤土，块状结构，稍坚实，向下平滑渐变过渡。

Ap2：18～27 cm，灰黄棕色（10YR5/2，干），浊黄棕色（10YR5/3，润），壤土，块状结构，稍坚实，少量锈纹锈斑，向下平滑渐变过渡。

Br1：27～73 cm，浊黄橙色（10YR6/4，干），黄棕色（10YR5/8，润），壤土，块状结构，坚实，中量锈纹锈斑，向下平滑渐变过渡。

Br2：73～106 cm，黄棕色（10YR5/6，干），黄棕色（10YR5/8，润），壤土，块状结构，坚实，中量锈纹锈斑。

冲山系代表性单个土体剖面

冲山系代表性单个土体土壤物理性质

土层	深度 /cm	砾石 (>2mm，体积分数)/%	细土颗粒组成 (粒径：mm)/(g/kg)			质地	容重 /(g/cm³)
			砂粒 2～0.05	粉粒 0.05～0.002	黏粒 <0.002		
Ap1	0～18	0	420	354	226	壤土	1.17
Ap2	18～27	0	408	391	201	壤土	1.30
Br1	27～73	0	402	409	189	壤土	1.42
Br2	73～106	0	430	363	207	壤土	1.40

冲山系代表性单个土体土壤化学性质

深度 /cm	pH	有机碳 /(g/kg)	全氮(N) /(g/kg)	全磷(P) /(g/kg)	全钾(K) /(g/kg)	阳离子交换量 /[cmol(+)/kg]	游离氧化铁 /(g/kg)
0～18	5.3	17.5	1.88	0.27	26.22	8.2	7.2
18～27	5.7	10.1	0.91	0.16	27.70	8.7	15.2
27～73	6.2	3.9	0.47	0.15	31.50	8.9	30.2
73～106	6.2	3.0	0.28	0.29	30.44	8.2	33.0

4.7.12 石坑系（**Shikeng Series**）

土　　族：黏壤质硅质混合型酸性高热性-普通铁聚水耕人为土
拟定者：漆智平，王登峰，王　华

分布与环境条件　分布于海南东部的低丘缓坡，海拔低于 20 m；花岗岩风化物坡积物母质，水田，蔬菜-水稻轮作或双季稻；热带海洋性气候，年均日照时数为 1900～2200 h，年均气温为 24～25℃，年均降水量为 1900～2000 mm。

石坑系典型景观

土系特征与变幅　诊断层包括水耕表层、水耕氧化还原层；诊断特性包括高热土壤温度状况、人为滞水土壤水分状况。土体厚度 1 m 以上，水耕氧化还原层上界出现于 20～25 cm深度，厚度 70～80 cm，细土砂粒含量低于 200 g/kg，粉粒含量为 500～550 g/kg，粉砂壤土-粉砂质黏壤土，多量铁锰斑纹；水耕表层粉粒含量为 450～550 g/kg，黏粒含量为200～250 g/kg，细土质地为粉砂壤土-壤土；pH 5.0～5.5。

对比土系　冲山系，同一亚类，土壤酸碱反应级别为非酸性，水耕氧化还原层上界出现于 25～30 cm 深度，厚度 70～90 cm，通体为壤土。

利用性能综述　土体发育良好，耕作层为壤土，耕性好，且分布地区灌溉条件优越，土壤有机质含量较高，但土壤氮、磷、钾较缺乏。在种植水稻过程中，应平衡施肥，提高土壤肥力。

参比土种　麻赤土田。

代表性单个土体　位于海南省琼海市万泉镇山楼村，19°14′04.8″N，110°24′07.7″E，海拔10 m，低丘缓坡，花岗岩风化物坡积物母质，水田，菜-稻轮作或双季稻。50 cm 深土壤温度为 26.7℃。野外调查时间为 2010 年 12 月 3 日，编号 46-052。

Ap1：0~16 cm，淡棕灰色（5YR7/1，干），灰棕色（5YR6/2，润），壤土，块状结构，疏松，多量对比明显的铁斑纹，向下平滑清晰过渡。

Ap2：16~23 cm，浊橙色（5YR6/3，干），浊橙色（5YR6/4，润），粉砂壤土，块状结构，稍坚实，多量对比模糊的铁斑纹，向下平滑清晰过渡。

Br1：23~42 cm，浊橙色（5YR6/3，干），暗红棕色（5YR3/4，润），粉砂壤土，棱柱状结构，稍坚实，多量铁斑纹，向下平滑清晰过渡。

Br2：42~100 cm，浊橙色（5YR6/3，干），暗红棕色（5YR3/4，润），粉砂质黏壤土，块状结构，坚实，多量对比明显的铁锰斑纹。

石坑系代表性单个土体剖面

石坑系代表性单个土体土壤物理性质

土层	深度 /cm	砾石 (>2mm，体积分数)/%	细土颗粒组成（粒径：mm)/(g/kg)			质地	容重 /(g/cm³)
			砂粒 2~0.05	粉粒 0.05~0.002	黏粒 <0.002		
Ap1	0~16	0	306	441	253	壤土	1.29
Ap2	16~23	0	231	533	236	粉砂壤土	1.44
Br1	23~42	0	187	548	265	粉砂壤土	1.44
Br2	42~100	0	141	547	313	粉砂质黏壤土	—

石坑系代表性单个土体土壤化学性质

深度 /cm	pH		有机碳 /(g/kg)	全氮(N) /(g/kg)	全磷(P) /(g/kg)	全钾(K) /(g/kg)	阳离子交换量 /[cmol(+)/kg]	游离氧化铁 /(g/kg)
	H₂O	KCl						
0~16	5.0	4.2	25.9	1.27	4.94	20.64	10.2	21.8
16~23	5.0	4.3	27.2	1.32	0.60	21.94	12.9	19.5
23~42	5.1	4.3	11.4	0.51	0.34	23.11	21.0	32.9
42~100	5.4	4.4	9.1	0.30	0.05	16.56	33.6	30.8

4.8 底潜简育水耕人为土

4.8.1 北埇系（Beiyong Series）

土　族：砂质硅质型酸性高热性-底潜简育水耕人为土
拟定者：漆智平，王登峰，王　华

分布与环境条件　分布于海南东部的宽谷地带，海拔低于 10 m；河流冲积物母质，水田，蔬菜-水稻轮作或双季稻；热带海洋性气候，年均日照时数为 1900～2100 h，年均气温为 24～25℃，年均降水量为 1900～2000 mm。

北埇系典型景观

土系特征与变幅　诊断层包括水耕表层、水耕氧化还原层；诊断特性包括高热土壤温度状况、人为滞水土壤水分状况、潜育特征、氧化还原特征。土体厚度 90～100 cm，水耕氧化还原层上界出现于 20 cm 左右深度，厚度 40～50 cm；具潜育特征土层上界出现于 65～70 cm 深度，厚度 25～35 cm；水耕表层砂粒含量为 650～750 g/kg，砂质壤土；剖面土体细土质地为壤质砂土-砂质壤土，pH 3.5～5.5。

对比土系　保良系，同一亚类，不同土族，矿物学类型为硅质混合型，具潜育特征土层质地为砂质黏壤土。美丰系，同一亚类，不同土族，土壤矿物学类型为硅质混合型，土壤酸碱反应类别为非酸性，水耕氧化还原层和具潜育特征土层质地为砂质壤土。

利用性能综述　土体深厚，耕作层发育较好，耕性较好，但土壤氮磷含量偏低。在种植水稻过程中，应进一步完善排灌系统，注重平衡施肥，适当增施氮磷肥。

参比土种　河青泥格田。

代表性单个土体　位于海南省琼海市福田北埇村，19°14′20″N，110°34′40″E，海拔 3 m，宽谷地带，河流冲积物母质，水田，蔬菜-水稻轮作或双季稻。50 cm 深土壤温度为 26.7℃。野外调查时间为 2010 年 6 月 5 日，编号 46-093。

Ap1: 0～11 cm，棕灰色（7.5YR5/1，干），灰棕色（7.5YR4/2，润），砂质壤土，小块状结构，疏松，向下平滑渐变过渡。

Ap2: 11～19 cm，棕灰色（7.5YR5/1，干），灰棕色（7.5YR4/2，润），砂质壤土，块状结构，稍坚实，少量锈纹锈斑，向下平滑清晰过渡。

Br: 19～68 cm，浊黄橙色（10YR6/4，干），黄棕色（10YR5/6，润），壤质砂土，块状结构，坚实，中量的锈纹锈斑，向下平滑渐变过渡。

Bg: 68～96 cm，灰橄榄色（5Y5/2，干），灰色（5Y4/1，润），壤质砂土，块状结构，疏松，有亚铁反应。

北埇系代表性单个土体剖面

北埇系代表性单个土体土壤物理性质

土层	深度/cm	砾石(>2mm，体积分数)/%	细土颗粒组成 (粒径: mm)/(g/kg)			质地	容重/(g/cm³)
			砂粒 2～0.05	粉粒 0.05～0.002	黏粒 <0.002		
Ap1	0～11	0	645	192	163	砂质壤土	1.45
Ap2	11～19	0	706	175	119	砂质壤土	1.64
Br	19～68	0	845	64	91	壤质砂土	1.73
Bg	68～96	0	809	94	97	壤质砂土	1.71

北埇系代表性单个土体土壤化学性质

深度/cm	pH		有机碳/(g/kg)	全氮(N)/(g/kg)	全磷(P)/(g/kg)	全钾(K)/(g/kg)	阳离子交换量/[cmol(+)/kg]	游离氧化铁/(g/kg)
	H₂O	KCl						
0～11	4.7	4.2	14.8	1.19	0.25	4.68	4.7	8.7
11～19	5.0	4.1	9.1	0.71	0.18	5.57	4.1	10.6
19～68	3.7	3.4	7.2	0.17	0.07	6.29	1.9	4.0
68～96	5.4	4.6	1.4	0.11	0.11	5.33	2.5	4.9

4.8.2　保良系（Baoliang Series）

土　族：砂质硅质混合型酸性高热性-底潜简育水耕人为土
拟定者：漆智平，王登峰，王　华

分布与环境条件　分布于海
南北部丘陵坡脚，海拔 50～
80 m；洪积物母质，水田，
菜-稻轮作或双季稻；热带海
洋性气候，年均日照时数为
2000～2100 h，年均气温为
24～25℃，年均降水量为
1800～2000 mm。

保良系典型景观

土系特征与变幅　诊断层包括水耕表层、水耕氧化还原层；诊断特性包括高热土壤温度
状况、人为滞水土壤水分状况、潜育特征、氧化还原特征。土体厚度 1 m 以上，水耕氧
化还原层上界出现于 20～30 cm 深度，厚度 70～80 cm；具潜育特征土层上界出现于 70～
80 cm 深度，厚度 20～30 cm；水耕表层砂粒含量为 650～750 g/kg，砂质壤土，Br 层砂
粒含量约为 750 g/kg，砂质壤土，Bg 层细砂含量约为 500 g/kg，黏粒含量约为 250 g/kg，
砂质黏壤土；土壤 pH 约为 4.5。

对比土系　北埔系，同一亚类，不同土族，土壤矿物学类型为硅质型，具潜育特征土层
质地为壤质砂土。美丰系，同一亚类，不同土族，土壤酸碱反应类别为非酸性，水耕氧
化还原层和具潜育特征土层质地为砂质壤土。

利用性能综述　分布地区灌溉条件优越，土层深厚，耕作层发育良好，可耕性好，是重
要的粮田土壤，但耕层较浅薄且土壤偏酸。在种植水稻过程中，应平衡施肥，适当增施
磷钾肥，同时施用适量石灰。

参比土种　洪积沙泥田。

代表性单个土体　位于海南省澄迈县福山镇保良村，19°48′11.8″N，109°55′57.1″E，海拔
69 m，丘陵坡脚地带，洪积物母质，水田，菜-稻轮作或单季稻。50 cm 深土壤温度为 26.3℃。
野外调查时间为 2010 年 11 月 28 日，编号 46-038。

Ap1：0～13 cm，棕灰色（10YR6/1，干），棕灰色（10YR5/1，润），砂质壤土，小块状结构，疏松，中量铁斑纹，向下平滑清晰过渡。

Ap2：13～25 cm，棕灰色（10YR6/1，干），棕灰色（10YR5/1，润），砂质壤土，块状结构，稍坚实，少量铁斑纹，向下平滑清晰过渡。

Br：25～74 cm，棕灰色（10YR5/1，干），灰黄棕色（10YR4/2，润），砂质壤土，棱柱状结构，较坚实，中量铁斑纹，向下平滑清晰过渡。

Bg：74～100 cm，绿灰色（10G5/1，干），暗绿灰色（10G4/1，润），砂质黏壤土，棱柱状结构，松软，有亚铁反应。

保良系代表性单个土体剖面

保良系代表性单个土体土壤物理性质

土层	深度 /cm	砾石 (>2mm，体积分数)/%	细土颗粒组成 (粒径：mm)/(g/kg)			质地	容重 /(g/cm³)
			砂粒 2～0.05	粉粒 0.05～0.002	黏粒 <0.002		
Ap1	0～13	0	666	217	117	砂质壤土	1.29
Ap2	13～25	0	713	200	87	砂质壤土	1.72
Br	25～74	0	759	144	97	砂质壤土	1.74
Bg	74～100	0	492	249	259	砂质黏壤土	—

保良系表性单个土体土壤化学性质

深度 /cm	pH		有机碳 /(g/kg)	全氮(N) /(g/kg)	全磷(P) /(g/kg)	全钾(K) /(g/kg)	阳离子交换量 /[cmol(+)/kg]	游离氧化铁 /(g/kg)
	H₂O	KCl						
0～13	4.5	3.8	32.4	1.32	5.27	0.60	4.0	7.4
13～25	4.5	3.7	16.5	0.58	0.15	0.68	2.5	2.0
25～74	4.6	3.8	22.5	0.66	0.07	0.32	3.6	6.4
74～100	4.6	3.7	35.7	1.00	0.09	0.75	6.5	5.8

4.8.3 美丰系（Meifeng Series）

土　族：砂质硅质混合型非酸性高热性-底潜简育水耕人为土
拟定者：漆智平，王登峰，王　华

分布与环境条件　分布于海南北部沿海阶地，地势平缓，海拔小于 100 m；海相沉积物母质，水田，菜-稻轮作或单季稻；热带海洋性气候，年均日照时数为1900～2000 h，年均气温为 23～24℃，年均降水量为 1700～1800 mm。

美丰系典型景观

土系特征与变幅　诊断层包括水耕表层、水耕氧化还原层；诊断特性包括高热土壤温度状况、人为滞水土壤水分状况、潜育特征、氧化还原特征。土体厚度 1.2 m 以上，水耕氧化还原层上界出现于20～25 cm深度，厚度90～100 cm，细土砂粒含量约为600～700 g/kg，砂质壤土，少量或中量锈纹锈斑；水耕表层的砂粒含量为 400～550 g/kg，黏粒含量为200～250 g/kg，细土质地为砂质黏壤土-壤土，pH 4.4～5.6。

对比土系　保良系，同一亚类，不同土族，土壤酸碱反应级别为酸性，具潜育特征土层质地为砂质黏壤土。北埔系，同一亚类，不同土族，土壤矿物学类型为硅质型，具潜育特征土层质地为壤质砂土。

利用性能综述　土体深厚，耕作层发育良好，耕性较好，是重要的粮田土壤。土壤有机质、氮、钾含量中等，但磷含量偏低。在种植水稻过程中，应平衡施肥，适当增施磷肥。

参比土种　黄赤土田。

代表性单个土体　位于海南省临高县和舍镇美丰村，19°39′44.8″N，109°43′32.4″E，海拔91 m,沿海阶地，海相沉积物母质，水田，菜-稻轮作或单季稻。50 cm 深土壤温度为26.4℃。野外调查时间为 2010 年 1 月 20 日，编号 46-070。

Ap1: 0～16 cm,浊黄橙色（10YR7/2,干）,浊黄橙色（10YR6/3,润）,壤土,小块状结构,疏松,无锈纹锈斑,向下平滑渐变过渡。

Ap2: 16～24 cm,浊黄橙色（10YR7/2,干）,浊黄橙色（10YR6/3,润）,砂质壤土,块状结构,稍坚实,少量锈纹锈斑,向下平滑渐变过渡。

Br:　24～79 cm,浊黄橙色（10YR7/2,干）,浊黄橙色（10YR6/3,润）,砂质壤土,块状结构,坚实,中量锈纹锈斑,向下平滑渐变过渡。

Bg:　79～120 cm,灰色（5Y6/1,干）,灰色（5Y5/1,润）,砂质壤土,块状结构,较坚实,有亚铁反应,少量锈纹锈斑。

美丰系代表性单个土体剖面

美丰系代表性单个土体土壤物理性质

土层	深度/cm	砾石(>2mm,体积分数)/%	细土颗粒组成 (粒径: mm)/(g/kg)			质地	容重/(g/cm³)
			砂粒 2～0.05	粉粒 0.05～0.002	黏粒 <0.002		
Ap1	0～16	0	408	351	241	壤土	1.35
Ap2	16～24	0	543	267	190	砂质壤土	1.47
Br	24～79	0	709	173	118	砂质壤土	1.64
Bg	79～120	0	588	292	120	砂质壤土	1.59

美丰系代表性单个土体土壤化学性质

深度/cm	pH		有机碳/(g/kg)	全氮(N)/(g/kg)	全磷(P)/(g/kg)	全钾(K)/(g/kg)	阳离子交换量/[cmol(+)/kg]	游离氧化铁/(g/kg)
	H₂O	KCl						
0～16	4.7	3.8	17.2	1.65	0.38	7.32	8.3	21.5
16～24	5.6	4.9	12.0	1.26	0.20	6.18	6.3	19.6
24～79	4.4	3.9	1.1	0.17	0.07	6.01	4.0	4.4
79～120	4.6	3.9	1.6	0.22	0.08	11.12	6.2	2.4

4.9 普通简育水耕人为土

4.9.1 加富系（**Jiafu Series**）

土　族：砂质硅质型非酸性高热性-普通简育水耕人为土
拟定者：漆智平，王登峰，王　华

分布与环境条件　分布于海
南西南部海积平原区，海拔
低于 20 m；浅海沉积物母质，
水田，玉米（南瓜）-水稻轮
作或单季稻；热带海洋性气
候， 年 均 日 照 时 数 约 为
2300～2400 h，年均气温为
25～26℃，年均降水量为
1300～1400 mm。

加富系典型景观

土系特征与变幅　诊断层包括水耕表层、水耕氧化还原层；诊断特性包括高热土壤温度
状况、人为滞水土壤水分状况、氧化还原特征。土体厚度 1 m 以上，水耕氧化还原层上
界出现于 25～30 cm 深度，厚度 70～80 cm，细土砂粒含量为 600～700 g/kg，砂质壤土，
中量锈纹锈斑；水耕表层砂粒含量为 700～800 g/kg，细土质地为壤质砂土-砂质壤土；
土壤 pH 5.0～6.0。

对比土系　美夏系，同一土族，通体为砂土，水耕氧化还原层上界出现于 35～40 cm 深
度，厚度 1 m 左右。

利用性能综述　土体深厚，耕层发育较好，耕性好，透气性较好，但其土壤有机质和养
分元素缺乏。在种植水稻过程中应平衡施肥，适当增施有机肥。

参比土种　浅海燥红土田。

代表性单个土体　位于海南省东方市板桥镇，18°46′45.5″N，108°41′30.2″E，海拔 5 m，
海积平原区，浅海沉积物母质，水田，玉米-水稻轮作或单季稻。50 cm 深土壤温度为
27.1℃。野外调查时间为 2010 年 11 月 24 日，编号 46-064。

Ap1: 0～16 cm, 淡灰色（10YR7/1, 干）, 浊黄橙色（10YR6/3,
润）, 壤质砂土, 小块状结构, 疏松, 少量模糊铁斑纹,
向下平滑清晰过渡。

Ap2: 16～26 cm, 淡灰色（10YR7/1, 干）, 浊黄棕色（10YR4/3,
润）, 砂质壤土, 块状结构, 稍坚实, 极少量小的次圆
石英颗粒, 少量模糊小铁斑纹, 向下平滑清晰过渡。

Br1: 26～47 cm, 浊黄橙色（10YR7/3, 干）, 浊黄橙色（10YR6/4,
润）, 砂质壤土, 块状结构, 坚实, 中量小铁锰斑纹,
向下平滑清晰过渡。

Br2: 47～100 cm, 浊黄棕色（10YR5/4, 干）, 棕色（10YR4/6,
润）, 砂质壤土, 块状结构, 坚实, 中量明显中等铁锰
斑纹。

加富系代表性单个土体剖面

加富系代表性单个土体土壤物理性质

土层	深度 /cm	砾石 (>2mm, 体积分数)/%	细土颗粒组成（粒径: mm)/(g/kg)			质地	容重 /(g/cm³)
			砂粒 2～0.05	粉粒 0.05～0.002	黏粒 <0.002		
Ap1	0～16	0	763	188	49	壤质砂土	1.58
Ap2	16～26	0	699	257	44	砂质壤土	1.79
Br1	26～47	0	675	172	153	砂质壤土	1.71
Br2	47～100	0	666	245	89	砂质壤土	—

加富系代表性单个土体土壤化学性质

深度 /cm	pH	有机碳 /(g/kg)	全氮(N) /(g/kg)	全磷(P) /(g/kg)	全钾(K) /(g/kg)	阳离子交换量 /[cmol(+)/kg]	游离氧化铁 /(g/kg)
0～16	5.6	9.3	0.44	0.39	33.45	1.6	4.3
16～26	5.7	3.7	0.15	0.14	33.33	1.9	4.6
26～47	5.8	1.6	0.04	0.06	33.77	0.8	5.9
47～100	5.3	2.6	0.08	0.09	31.51	5.1	1.4

4.9.2 美夏系（Meixia Series）

土　族：砂质硅质型非酸性高热性-普通简育水耕人为土
拟定者：漆智平，王登峰，王　华

分布与环境条件　分布于海
南北部海积平原区，地势低
平，海拔约为 30～50 m；浅
海沉积物母质，水田，菜-
稻轮作或单季稻；热带海洋
性气候，年均日照时数为
1900～2000 h，年均气温为
23～24℃，年均降水量为
1700～1800 mm。

美夏系典型景观

土系特征与变幅　诊断层包括水耕表层、水耕氧化还原层；诊断特性包括高热土壤温度
状况、人为滞水土壤水分状况、氧化还原特征。土体厚度 1.3 m 以上，水耕氧化还原层
上界出现于 20 cm 左右深度，厚度 1 m 以上，少量锈纹锈斑；细土砂粒含量高于 900 g/kg，
剖面通体为砂土，pH 6.5～7.0。

对比土系　加富系，同一土族，细土质地为砂质壤土-壤质砂土，水耕氧化还原层上界出
现于 25～30 cm 深度，厚度 70～80 cm。

利用性能综述　分布于海积平原区，土体深厚，耕作层发育良好，可耕性好，土壤质地
偏砂，透气性较好，但土壤有机质缺乏。在种植水稻过程中应注重增施有机肥，培肥地
力，并适时施用化肥。

参比土种　浅海赤土田。

代表性单个土体　位于海南省临高县美夏镇昌烘村，19°59′31.0″N，109°42′51.4″E，海拔
38 m，海积平原区，浅海沉积物母质，水田，菜-稻轮作或单季稻。50 cm 深土壤温度为
26.2℃。野外调查时间为 2010 年 1 月 20 日，编号 46-066。

Ap1: 0～20 cm，灰白色（2.5Y8/1，干），淡黄色（2.5Y7/3，润），砂土，小块状结构，疏松，向下平滑渐变过渡。

Ap2: 20～37 cm，灰黄色（2.5Y7/2，干），淡黄色（2.5Y7/3，润），砂土，块状结构，稍坚实，向下平滑渐变过渡。

Br: 37～130 cm，浊棕灰色（5YR7/2，干），浊橙色（5YR7/3，润），砂土，块状结构，稍坚实，少量锈纹锈斑。

美夏系代表性单个土体剖面

美夏系代表性单个土体土壤物理性质

土层	深度/cm	砾石(>2mm，体积分数)/%	细土颗粒组成 (粒径：mm)/(g/kg)			质地	容重/(g/cm³)
			砂粒 2～0.05	粉粒 0.05～0.002	黏粒 <0.002		
Ap1	0～20	0	921	28	51	砂土	1.32
Ap2	20～37	0	949	2	49	砂土	1.47
Br	37～130	0	949	4	47	砂土	1.54

美夏系代表性单个土体土壤化学性质

深度/cm	pH	有机碳/(g/kg)	全氮(N)/(g/kg)	全磷(P)/(g/kg)	全钾(K)/(g/kg)	阳离子交换量/[cmol(+)/kg]	游离氧化铁/(g/kg)
0～20	6.5	2.0	0.26	0.10	1.29	0.9	3.5
20～37	6.7	0.6	0.20	0.06	0.76	0.4	3.4
37～130	6.9	0.4	0.13	0.04	0.98	0.4	2.6

4.9.3 白茅系（Baimao Series）

土 族：砂质硅质混合型非酸性高热性-普通简育水耕人为土
拟定者：漆智平，王登峰，王 华

分布与环境条件 分布于
海南北部海积平原区，地势
低平，海拔低于 20 m；浅
海沉积物母质，水田，菜-
稻轮作或双季稻；热带海洋
性气候，年均日照时数为
2000～2200 h，年均温度为
23～25℃，年均降水量为
2100～2200 mm。

白茅系典型景观

土系特征与变幅 诊断层包括水耕表层、水耕氧化还原层；诊断特性包括高热土壤温度
状况、人为滞水土壤水分状况、氧化还原特征。土体厚度 1.1 m 以上，水耕氧化还原层
上界出现于 20～25 cm 深度，厚度 0.8 m 以上；剖面通体砂粒含量为 700～900 g/kg，黏
粒含量低于 50 g/kg，细土质地为砂土-壤质壤土，pH 5.0～5.6。

对比土系 崖城系，同一土族，水耕氧化还原层质地为砂质壤土，细土质地为壤质砂土-
砂质壤土。

利用性能综述 土体深厚，耕作层发育良好，犁底层适中，耕性好，是重要的粮田土壤，
但有机质和土壤养分缺乏。利用上应推行秸秆还田，培肥地力，实行水稻、花生或者蔬
菜轮作。

参比土种 黄赤土田。

代表性单个土体 位于海南省文昌市冯坡镇白茅村，19°58′58.0″N，110°44′00.5″E，海拔
3 m，海积平原区，浅海沉积物母质，水田，辣椒-水稻轮作或双季稻。50 cm 深土壤温
度为 26.2℃。野外调查时间为 2010 年 12 月 4 日，编号 46-055。

Ap1： 0～15 cm，棕灰色（5YR6/1，干），棕灰色（5YR5/1，润），砂质壤土，小块状结构，疏松，向下平滑清晰过渡。

Ap2： 15～22 cm，棕灰色（5YR5/1，干），棕灰色（5YR4/1，润），壤质砂土，块状结构，稍坚实，向下平滑清晰过渡。

Br1： 22～33 cm，棕灰色（7.5YR6/1，干），棕灰色（7.5YR5/1，润），砂土，块状结构，稍坚实，中量锈纹锈斑，向下平滑清晰过渡。

Br2： 33～110 cm，淡灰色（2.5Y7/1，干），灰黄色（2.5Y7/2，润），壤质砂土，块状结构，稍坚实，少量锈纹锈斑。

白茅系代表性单个土体剖面

白茅系代表性单个土体土壤物理性质

土层	深度 /cm	砾石 (>2mm, 体积分数)/%	细土颗粒组成（粒径：mm）/(g/kg)			质地	容重 /(g/cm³)
			砂粒 2～0.05	粉粒 0.05～0.002	黏粒 <0.002		
Ap1	0～15	0	726	243	31	砂质壤土	1.55
Ap2	15～22	0	806	169	25	壤质砂土	1.90
Br1	22～33	0	896	78	26	砂土	2.03
Br2	33～110	0	851	134	15	壤质砂土	—

白茅系代表性单个土体土壤化学性质

深度 /cm	pH		有机碳 /(g/kg)	全氮(N) /(g/kg)	全磷(P) /(g/kg)	全钾(K) /(g/kg)	阳离子交换量 /[cmol(+)/kg]	游离氧化铁 /(g/kg)
	H₂O	KCl						
0～15	5.2	4.3	11.8	0.54	0.30	0.94	1.8	2.1
15～22	5.0	4.2	7.9	0.38	0.16	0.96	1.5	2.4
22～33	5.1	4.2	1.5	0.06	0.03	0.49	0.5	1.7
33～110	5.6	4.4	1.5	0.04	0.03	0.39	0.6	1.0

4.9.4 崖城系（Yacheng Series）

土　族：砂质硅质混合型非酸性高热性-普通简育水耕人为土
拟定者：漆智平，王登峰，王　华

分布与环境条件　分布于海南南部沿海地区海积平原，海拔低于 20 m，地势低平；浅海沉积物母质，水田，菜-稻轮作或双季稻；热带海洋性气候，年均日照时数为 2100～2200 h，年平均气温为 25～26℃，年均降雨量为 1600～1700 mm。

崖城系典型景观

土系特征与变幅　诊断层包括水耕表层、水耕氧化还原层；诊断特性包括高热土壤温度状况、人为滞水土壤水分状况、氧化还原特征。水耕表层厚度 25～30 cm，土体厚度 0.7 m 以上，细砂含量为 700～850 g/kg，细土质地为壤质砂土-砂质壤土，土壤 pH 7.0～8.0。

对比土系　白茅系，同一土族，水耕氧化还原层质地为砂土-壤质砂土，剖面土体细土质地为砂土-砂质壤土。

利用性能综述　土壤偏砂，耕性好，透气性好，但土壤有机质含量低，土壤养分含量中等，以菜-稻轮作和双季稻利用为主，应增施有机肥，推广秸秆还田，提高土壤有机质含量，培肥地力。

参比土种　浅海赤土田。

代表性单个土体　位于海南省三亚市崖城镇坡田洋村，18°23′51.4″N，109°10′7.8″E，海拔 4 m，海积平原区，浅海沉积物母质，水田，菜-稻轮作或双季稻。50 cm 深土壤温度为 27.4℃。野外调查时间为 2010 年 5 月 26 日，编号 46-107。

Ap1：0～19 cm，灰黄棕色（10YR5/2，干），浊黄棕色（10YR4/3，润），砂质壤土，块状结构，疏松，向下平滑渐变过渡。

Ap2：19～28 cm，浊红棕色（5YR5/3，干），红棕色（5YR4/6，润），砂质壤土，块状结构，稍坚实，向下平滑渐变过渡。

Br：28～70 cm，浊红棕色（5YR5/3，干），红棕色（5YR4/6，润），砂质壤土，粒状结构，稍坚实，少量锈纹锈斑，向下平滑渐变过渡。

BC：大于70cm，浊红棕色（5YR5/3，干），红棕色（5YR4/6，润），壤质砂土，粒状结构，疏松，少量锈斑锈纹。

崖城系代表性单个土体剖面

崖城系代表性单个土体土壤物理性质

| 土层 | 深度 /cm | 砾石 (>2mm，体积分数)/% | 细土颗粒组成 (粒径：mm)/(g/kg) | | | 质地 | 容重 /(g/cm³) |
			砂粒 2～0.05	粉粒 0.05～0.002	黏粒 <0.002		
Ap1	0～19	0	716	154	130	砂质壤土	1.22
Ap2	19～28	0	735	117	148	砂质壤土	1.41
Br	28～70	0	788	79	133	砂质壤土	1.45
BC	>70	0	861	42	97	壤质砂土	1.43

崖城系代表性单个土体土壤化学性质

深度 /cm	pH	有机碳 /(g/kg)	全氮(N) /(g/kg)	全磷(P) /(g/kg)	全钾(K) /(g/kg)	阳离子交换量 /[cmol(+)/kg]	游离氧化铁 /(g/kg)
0～19	7.9	5.2	0.44	0.45	34.05	3.8	9.3
19～28	7.8	2.1	0.22	0.28	35.59	3.3	10.6
28～70	7.3	1.0	0.12	0.22	31.75	2.5	7.4
>70	7.2	0.7	0.08	0.25	33.43	1.5	2.6

4.9.5　塔洋系（Tayang Series）

土　族：壤质硅质混合型非酸性高热性-普通简育水耕人为土
拟定者：漆智平，王登峰，王　华

分布与环境条件　分布于海南东部丘陵沟谷平原区，地势低平，海拔低于 20 m；河流冲积物母质，水田，菜-稻轮作或双季稻；热带海洋性气候，年均日照时数为 1900～2100 h，年均气温为 24～25℃，年均降水量为 1900～2000 mm。

塔洋系典型景观

土系特征与变幅　诊断层包括水耕表层、水耕氧化还原层；诊断特性包括高热土壤温度状况、人为滞水土壤水分状况、氧化还原特征。土体厚度 0.9 m 以上，水耕氧化还原层上界出现于 25～30 cm 深度，厚度 60～80 m，少量-中量锈纹锈斑，黏粒含量为 150～200 g/kg，砂粒含量为 450～500 g/kg，细土质地为壤土；水耕表层黏粒含量为 200～350 g/kg，砂粒含量为 450～500 g/kg，砂质黏壤土；pH 4.8～6.5。

对比土系　龙塘系，同一亚类，不同土族，地形部位相似，相同母质，土壤颗粒大小级别为黏壤质，细土质地为粉砂壤土-粉砂质黏壤土。

利用性能综述　土体深厚，耕作层发育良好，耕性较好，分布地区灌溉条件优越，但土壤磷较缺乏。在种植水稻过程中应平衡施肥，适当增施磷肥。

参比土种　潮沙泥田。

代表性单个土体　位于海南省琼海市塔洋镇珍秦村，19°17′50.2″N，110°30′8.6″E，海拔 15 m，丘陵沟谷平原地带，河流冲积物母质，水田，菜-稻轮作或双季稻。50 cm 深土壤温度为 26.7℃。野外调查时间为 2010 年 6 月 5 日，编号 46-094。

Ap1：0～19 cm，棕灰色（10YR6/1，干），灰黄棕色（10YR5/2，润），砂质黏壤土，小块状结构，疏松，向下平滑渐变过渡。

Ap2：19～28 cm，黄棕色（2.5Y5/3，干），黄棕色（2.5Y5/4，润），砂质黏壤土，块状结构，稍坚实，少量锈纹锈斑，向下平滑渐变过渡。

Br：28～95 cm，淡黄色（2.5Y7/4，干），亮黄棕色（2.5Y6/6，润），壤土，块状结构，稍坚实，中量锈纹锈斑。

塔洋系代表性单个土体剖面

塔洋系代表性单个土体土壤物理性质

| 土层 | 深度/cm | 砾石（>2mm，体积分数)/% | 细土颗粒组成 (粒径：mm)/(g/kg) | | | 质地 | 容重/(g/cm³) |
			砂粒 2～0.05	粉粒 0.05～0.002	黏粒 <0.002		
Ap1	0～19	0	460	216	324	砂质黏壤土	1.25
Ap2	19～28	0	535	261	204	砂质黏壤土	1.45
Br	28～95	0	473	365	162	壤土	1.48

塔洋系代表性单个土体土壤化学性质

深度/cm	pH H₂O	pH KCl	有机碳/(g/kg)	全氮(N)/(g/kg)	全磷(P)/(g/kg)	全钾(K)/(g/kg)	阳离子交换量/[cmol(+)/kg]	游离氧化铁/(g/kg)
0～19	4.9	4.3	29.4	2.32	0.78	10.02	6.5	34.3
19～28	5.1	4.2	12.2	0.91	0.28	9.63	6.3	35.4
28～95	6.3	5.4	4.9	0.25	0.15	10.20	7.9	13.6

4.9.6 龙塘系（**Longtang Series**）

土 族：黏壤质硅质混合型非酸性高热性-普通简育水耕人为土
拟定者：漆智平，王登峰，王 华

分布与环境条件 分布于海南北部河流阶地，地势低平，海拔低于 20 m；河流冲积物母质，水田，菜-稻轮作或单季稻；热带海洋性气候，年均日照时数约为 2000～2100 h，年均气温为 24～25℃，年均降水量为 1800～1900 mm。

龙塘系典型景观

土系特征与变幅 诊断层包括水耕表层、水耕氧化还原层；诊断特性包括高热土壤温度状况、人为滞水土壤水分状况、氧化还原特征。土体厚度 1.1 m 以上，水耕氧化还原层上界出现于 20～30 cm 深度，厚度约为 0.9 m，少量锈纹锈斑；剖面通体砂粒含量低于 100 g/kg，粉粒含量为 600～700 g/kg，细土质地为粉砂壤土-粉砂质黏壤土，pH 4.8～6.0。

对比土系 塔洋系，同一亚类，不同土族，地形部位相似，相同母质，土壤颗粒大小级别为壤质，细土质地为壤土-砂质黏壤土。

利用性能综述 土体深厚，耕作层发育良好，耕性好，透气性好，灌溉条件优越，是重要的粮田土壤，其土壤有机质、氮和钾含量中等，但土壤磷含量偏低。在种植水稻过程中，应平衡施肥，适当增施磷肥。

参比土种 潮沙泥田。

代表性单个土体 位于海南省海口市龙塘镇沟大村，19°50′55.4″N，110°24′3.4″E，海拔 7 m，南渡江阶地，河流冲积物母质，水田，菜-稻轮作或单季稻。50 cm 深土壤温度为 26.3℃。野外调查时间为 2010 年 1 月 25 日，编号 46-079。

Ap1:　0～16 cm，灰黄色（2.5Y7/2，干），黄棕色（2.5Y5/3，润），粉砂质黏壤土，小块状结构，疏松，极少量锈斑，向下渐变过渡。

Ap2:　16～25 cm，灰黄色（2.5Y7/2，干），黄棕色（2.5Y5/3，润），粉砂质黏壤土，块状结构，坚实，极少量锈斑，向下渐变过渡。

Br1:　25～82 cm，淡黄色（2.5Y7/4，干），亮棕黄色（2.5Y6/6，润），粉砂壤土，块状结构，坚实，少量锈纹锈斑，向下平滑渐变过渡。

Br2:　82～115 cm，淡黄色（2.5Y7/4，干），亮棕黄色（2.5Y6/6，润），粉砂质黏壤土，块状结构，稍坚实，少量锈纹锈斑。

龙塘系代表性单个土体剖面

龙塘系代表性单个土体土壤物理性质

土层	深度/cm	砾石(>2mm，体积分数)/%	细土颗粒组成 (粒径：mm)/(g/kg)			质地	容重/(g/cm³)
			砂粒2～0.05	粉粒0.05～0.002	黏粒<0.002		
Ap1	0～16	0	3	637	360	粉砂质黏壤土	1.02
Ap2	16～25	0	14	697	289	粉砂质黏壤土	1.21
Br1	25～82	0	80	683	237	粉砂壤土	1.22
Br2	82～115	0	28	655	317	粉砂质黏壤土	1.09

龙塘系代表性单个土体土壤化学性质

深度/cm	pH	有机碳/(g/kg)	全氮(N)/(g/kg)	全磷(P)/(g/kg)	全钾(K)/(g/kg)	阳离子交换量/[cmol(+)/kg]	游离氧化铁/(g/kg)
0～16	4.8	21.5	1.71	0.43	20.58	14.4	22.8
16～25	5.8	11.8	0.93	0.34	21.36	14.9	29.9
25～82	5.9	4.7	0.35	0.31	21.24	14.3	25.0
82～115	5.1	4.7	0.41	0.23	21.37	14.4	29.8

第5章 火山灰土

5.1 普通腐殖湿润火山灰土

5.1.1 美富系（Meifu Series）

土　　族：火山灰质三水铝石型非酸性高热性-普通腐殖湿润火山灰土
拟定者：漆智平，王登峰

分布与环境条件　分布于海
南北部火山灰母质分布区，
缓坡，海拔 100～150 m；玄
武岩火山灰母质，旱地、次
生林地或矮草地；热带海洋
性气候，年均日照时数为
1800～2000 h，年均气温为
23～25℃，年均降水量为
2000～2200 mm。

美富系典型景观

土系特征与变幅　诊断层为淡薄表层，诊断特性为高热土壤温度状况、湿润土壤水分状
况、火山灰特性、腐殖质特性。土体厚度小于 1 m，土体基色为暗黑棕色或黑色（5YR～
5Y），砂粒含量为 300～400 g/kg，黏粒含量为 100～200 g/kg，细土质地为粉砂壤土-壤
土，粒状结构，疏松，夹火山砾石，土壤有机碳含量为 30～60 g/kg，游离氧化铁含量为
40～50 g/kg，pH 5.8～6.0。

对比土系　高龙系，相同亚纲，不同土类，无腐殖质特性，为简育湿润火山灰土。

利用性能综述　土体浅薄，表层质地为壤土，耕性好，适宜发展人工林地，改良利用应
先清除表层石块，适宜种植蔬菜和热带经济作物如荔枝、龙眼、菠萝蜜等。

参比土种　火山灰石质土。

代表性单个土体　位于海南省海口市秀英区石山镇美富村，19°55′32.8″N，110°12′25.0″E，
海拔 112 m，火山锥坡麓地带，玄武岩火山灰母质，旱地，种植木薯。50 cm 深土壤温度
为 26.1℃。野外调查时间为 2010 年 12 月 4 日，编号 46-060。

Ah:　0～15 cm，暗灰棕色（5YR4/2，干），黑色（5Y2/1，润），
　　　壤土，粒状结构，松散，多量中根，少量火山石，向下
　　　平滑渐变过渡。

Bw:　15～37 cm，黑色（5Y2/1，干），黑色（5Y2/1，润），
　　　粉砂壤土，粒状结构，松散，少量细根，少量火山石，
　　　向下平滑渐变过渡。

C:　　37～73 cm，黑色（5Y2/1，干），黑色（5Y2/1，润），
　　　壤土，粒状结构，松散，无根系分布，少量蚂蚁，大量
　　　火山石。

美富系代表性单个土体剖面

美富系代表性单个土体土壤物理性质

土层	深度 /cm	砾石 (>2mm，体积分数)/%	细土颗粒组成 (粒径：mm)/(g/kg)			质地	容重 /(g/cm³)
			砂粒 2～0.05	粉粒 0.05～0.002	黏粒 <0.002		
Ah	0～15	10	346	448	206	壤土	1.08
Bw	15～37	10	318	496	186	粉砂壤土	1.11
C	37～73	20	390	490	120	壤土	1.14

美富系代表性单个土体土壤化学性质

深度 /cm	pH	有机碳 /(g/kg)	全氮(N) /(g/kg)	全磷(P) /(g/kg)	全钾(K) /(g/kg)	阳离子交换量 /[cmol(+)/kg]	游离氧化铁 /(g/kg)
0～15	6.0	39.4	1.66	1.93	2.16	38.3	47.6
15～37	5.8	50.6	2.09	2.41	3.19	35.1	45.7
37～73	5.8	51.5	2.35	3.20	3.67	37.2	42.3

5.2　黏化简育湿润火山灰土

5.2.1　高龙系（Gaolong Series）

土　族：火山灰质三水铝石型非酸性高热性-黏化简育湿润火山灰土
拟定者：漆智平，杨　帆，王登峰

分布与环境条件　分布于海南北部儋州、临高等地的火山锥地带，海拔 50～100 m；玄武岩火山喷出物母质，旱地或荒草地，种植番薯、豆类等；热带海洋性气候，年均日照时数为 1900～2100 h，年均气温为 24～25℃，年均降水量为 1400～1500 mm。

高龙系典型景观

土系特征与变幅　诊断层为淡薄表层、黏化层，诊断特性包括高热土壤温度状况、湿润土壤水分状况、火山灰特性。土体浅薄，土体深度 50～60 cm，土体基色为黑棕色（7.5YR），通体为壤土，屑粒状结构，孔隙多，疏松，夹大量火山砾石，有机碳含量为 20～25 g/kg，活性铁含量约为 10 g/kg，游离氧化铁含量为 80～100 g/kg，pH 6.5～7.0。

对比土系　美富系，相同亚纲，不同土类，具有腐殖质特性，为腐殖湿润火山灰土。

利用性能综述　土体浅薄，细土质地为壤土，耕性较好，适宜发展人工草地，改良利用应先清除表层石块，适宜种植热带果树（如荔枝、龙眼、菠萝蜜等）和蔬菜等。

参比土种　中火山灰土。

代表性单个土体　位于海南省儋州市木棠镇高龙村，19°47′54.4″N，109°20′45.0″E，海拔 64 m，火山锥，玄武岩火山喷出物母质，荒草地。50 cm 深土壤温度为 26.3℃。野外调查时间为 2009 年 11 月 26 日，编号 46-011。

Ap: 0～18 cm, 紫棕色（5YR5/4, 干）, 棕色（7.5YR4/4, 润）, 壤土, 屑粒状结构, 碎屑＞35%（V）, 有火山砾石, 结持松散, 少量粗根, 向下平滑不规则渐变过渡。

Bt1: 18～32 cm, 淡棕色（7.5YR5/6, 干）, 暗红棕色（5YR2/4, 润）, 壤土, 块状结构, 碎屑＞25%（V）紧实, 少量细根, 向下平滑渐变过渡。

Bt2: 32～56 cm, 暗棕色（7.5YR3/4, 干）, 黑棕色（7.5YR2/2, 润）, 壤土, 块状结构, 碎屑＞20%（V）紧实, 无根。

R: 56～67 cm: 棕灰, 母岩层。

高龙系代表性单个土体剖面

高龙系代表性单个土体土壤物理性质

土层	深度/cm	砾石（>2mm, 体积分数)/%	细土颗粒组成（粒径: mm)/(g/kg)			质地	容重/(g/cm³)
			砂粒 2～0.05	粉粒 0.05～0.002	黏粒 <0.002		
Ap	0～18	35	488	383	129	壤土	1.39
Bt1	18～32	25	344	427	229	壤土	1.61
Bt2	32～56	20	319	426	255	壤土	1.13

高龙系代表性单个土体土壤化学性质

深度/cm	pH	有机碳/(g/kg)	全氮(N)/(g/kg)	全磷(P)/(g/kg)	全钾(K)/(g/kg)	阳离子交换量/[cmol(+)/kg]	游离氧化铁/(g/kg)
0～18	6.3	12.4	0.89	2.55	1.5	12.5	83.3
18～32	6.6	11.4	0.90	2.57	0.9	13.7	97.2
32～56	6.3	13.8	1.19	2.36	0.0	20.3	90.2

第6章 铁 铝 土

6.1 普通简育湿润铁铝土

6.1.1 天涯系（Tianya Series）

土　　族：壤质硅质混合型非酸性高热性-普通简育湿润铁铝土
拟定者：漆智平，王登峰，王　华

分布与环境条件　分布于海南南部丘陵山地中坡，海拔60～120 m；花岗岩风化物母质，灌木林地；热带海洋性气候，年均日照时数为2000～2200 h，年均气温为25～26℃，年均降水量为1600～1700 mm。

天涯系典型景观

土系特征与变幅　诊断层为淡薄表层、铁铝层、黏化层；诊断特性包括高热土壤温度状况、湿润土壤水分状况。土体厚度1 m左右，铁铝层上界出现于约40 cm深度，厚度约60cm，黏粒含量为250～300 g/kg，全钾含量为4～5 g/kg，CEC_7约为10 cmol(+)/kg黏粒，ECEC 11～12 cmol(+)/kg黏粒；剖面土体黏粒含量为150～250 g/kg，细土质地为砂质壤土-壤土，pH 5.0～6.0。

对比土系　高峰系，不同土纲，地理位置相近，安山岩风化物母质，不具有铁铝层，有黏化层，CEC_7含量为35～50 cmol(+)/kg黏粒，为淋溶土。

利用性能综述　土体较深厚，少砾石，表层质地为砂质壤土，保肥保水能力差，养分缺乏。利用应以旱耕为主，注重培肥土壤，发挥生产潜力。

参比土种　麻赤土。

代表性单个土体　位于海南省三亚市天涯镇红五月村，18°21′15.8″N，109°19′36.0″E，海拔 73 m，花岗岩风化物母质，灌木林地。50 cm 深土壤温度为 27.3℃。野外调查时间为 2009 年 11 月 26 日，编号为 46-047。

Ah：0～18 cm，灰棕色（5YR5/2，干），灰棕色（5YR4/2，润），砂质壤土，块状结构，疏松，多量粗、细根，极少量次圆花岗岩碎屑，向下平滑清晰过渡。

AB：18～39 cm，红棕色（10R3/2，干），暗红棕色（10R3/3，润），砂质黏壤土，块状结构，坚实，少量中、细根，极少量次圆花岗岩碎屑，向下平滑清晰过渡。

Bt1：39～100 cm，红棕色（10R4/3，干），红棕色（10R4/4，润），黏壤土，块状结构，坚实，无根系分布，细孔，孔隙度低，极少量次圆花岗岩碎屑，向下平滑渐变过渡。

Bt2：100～120 cm，红棕色（10R4/3，干），红棕色（10R4/4，润），黏壤土，块状结构，坚实，无根系分布，少量次圆花岗岩碎屑。

天涯系代表性单个土体剖面

天涯系代表性单个土体土壤物理性质

土层	深度 /cm	砾石 (>2mm，体积分数)/%	细土颗粒组成 (粒径: mm)/(g/kg)			质地	容重 /(g/cm³)
			砂粒 2～0.05	粉粒 0.05～0.002	黏粒 <0.002		
Ah	0～18	2	619	200	181	砂质壤土	1.19
AB	18～39	2	529	269	202	砂质黏壤土	—
Bt1	39～100	2	402	339	259	壤土	—
Bt2	100～120	10	358	345	297	黏壤土	—

天涯系代表性单个土体土壤化学性质

深度 /cm	pH	有机碳 /(g/kg)	全氮(N) /(g/kg)	全磷(P) /(g/kg)	全钾(K) /(g/kg)	CEC₇ /[cmol(+)/kg 黏粒]	ECEC /[cmol(+)/kg 黏粒]	游离氧化铁 /(g/kg)	铁游离度/%
0～18	5.6	24.9	1.17	1.17	25.83	37.2	38.41	10.3	37.2
18～39	5.6	11.2	0.57	2.20	12.15	53.9	57.34	13.5	59.5
39～100	5.2	8.9	0.60	2.48	4.38	9.6	11.88	18.2	42.5
100～120	5.4	7.6	0.58	2.34	3.92	9.3	10.62	17.8	37.5

第7章 富 铁 土

7.1 普通简育干润富铁土

7.1.1 新让系（Xinrang Series）

土　族：砂质硅质混合型酸性高热性-普通简育干润富铁土
拟定者：漆智平，杨　帆，王登峰

分布与环境条件　分布于海南西部丘陵坡地，缓坡，海拔为 120～150 m；花岗岩风化物母质，小叶桉林地；热带干热性气候，年均日照时数约为 2100～2200 h，年均气温为 24～25℃，年均降水量为 1200～1300 mm。

新让系典型景观

土系特征与变幅　诊断层包括淡薄表层、低活性富铁层；诊断特性包括高热土壤温度状况、半干润土壤水分状况。土体厚度 1.2 m 以上，低活性富铁层上界出现于 40～45 cm 深度，厚度 70～80 cm；剖面通体砂粒含量为 700～800 g/kg，砂质壤土，pH 4.9～5.5。

对比土系　排浦系，同一土类，不同亚类，湿润土壤水分状况，海相沉积物母质，低活性富铁层裸露土表，有黏化层，黏化层上界出现于 20～30 cm 深度，厚度大于 1 m，细土质地为砂土-砂质壤土，属表蚀黏化湿润富铁土。

利用性能综述　土体深厚，表层淡薄，质地偏砂，耕性好，但地表有略起伏，易造成土壤侵蚀，土壤有机碳低，全氮中等，有效磷、速效钾低。应以人工林或橡胶种植为主，搞好水土保持，培肥地力，种植橡胶应注意磷钾肥的施用。

参比土种　麻燥红土。

代表性单个土体　位于海南省儋州市雅星镇新让村，19°26′43.6″N，109°14′9.2″E，海拔

141 m，丘陵坡地缓坡，花岗岩风化物母质，小叶桉林地。50 cm 深土壤温度为 26.5℃。野外调查时间为 2009 年 11 月 24 日，编号为 46-003。

A：　0～17 cm，棕色（7.5YR4/4，干），暗棕色（7.5YR3/4，润），砂质壤土，块状结构，稍坚实，少量中根，有动物穴，向下平滑渐变过渡。

Bw1：17～42 cm，棕色（7.5YR4/4，干），暗棕色（7.5YR3/4，润），砂质壤土，块状结构，坚实，少量细根，向下平滑渐变过渡。

Bw2：42～85 cm，红棕色（5YR4/6，干），暗红棕色（5YR3/6，润），砂质壤土，块状结构，坚实，向下平滑渐变过渡。

Bw3：85～120 cm，红棕色（5YR4/6，干），暗红棕色（5YR3/6，润），砂质壤土，块状结构，坚实。

新让系代表性单个土体剖面

新让系代表性单个土体土壤物理性质

| 土层 | 深度 /cm | 砾石 (>2mm，体积分数)/% | 细土颗粒组成 (粒径：mm)/(g/kg) | | | 质地 | 容重 /(g/cm³) |
			砂粒 2～0.05	粉粒 0.05～0.002	黏粒 <0.002		
A	0～17	0	756	141	103	砂质壤土	1.73
Bw1	17～42	0	772	117	111	砂质壤土	1.73
Bw2	42～85	0	748	131	121	砂质壤土	1.68
Bw3	85～120	0	709	157	134	砂质壤土	—

新让系代表性单个土体土壤化学性质

深度 /cm	pH H₂O	pH KCl	有机碳 /(g/kg)	全氮(N) /(g/kg)	全磷(P) /(g/kg)	全钾(K) /(g/kg)	CEC₇ /[cmol(+)/kg 黏粒]	盐基饱和度/%	游离氧化铁/(g/kg)	铁游离度/%
0～17	5.3	4.0	8.4	1.01	0.16	14.37	24.6	49.4	7.7	47.6
17～42	4.9	3.7	3.5	0.34	0.15	12.60	24.8	12.8	8.6	47.1
42～85	4.9	3.7	1.8	0.22	0.16	11.07	17.4	41.4	10.6	50.9
85～120	5.1	3.8	2.7	0.21	0.14	14.35	21.4	53.0	12.5	48.5

7.2　表蚀黏化湿润富铁土

7.2.1　排浦系（Paipu Series）

土　　族：砂质硅质混合型酸性高热性-表蚀黏化湿润富铁土

拟定者：漆智平，杨　帆，王登峰

分布与环境条件　分布于海南儋州东北至西部沿海地区，地形呈波状起伏，海相沉积物母质，植被以人工木麻黄防风林、桉树为主，植被覆盖度 40%～80%；属热带海洋性气候，年均日照时数为 2000～2100 h，年均气温 24.8℃，年均降水量为1400～1500 mm。

排浦系典型景观

土系特征与变幅　诊断层为淡薄表层、低活性富铁层、黏化层；诊断特性为高热土壤温度状况、湿润土壤水分状况。土体厚度大于 1.3 m，低活性富铁层裸露土表，铁游离度50%～60%；黏化层上界出现于 20～30 cm 深度，厚度大于 1 m，土体基色为暗红棕色（2.5YR）；剖面土壤砂粒含量为 800～900 g/kg，细土质地为砂土-壤质砂土，pH 4.5～5.5。

对比土系　新让系，同一土类，不同亚类，半干润土壤水分状况，花岗岩风化物母质，无黏化层，通体为砂质壤土，属普通简育干润富铁土。

利用性能综述　土体深厚，耕性较好，土质较轻，易引起风蚀，有机质缺乏，全氮、有效磷、速效钾极缺乏，土壤强酸性，但土壤湿润，通气好。当前木麻黄防风林、速生薪炭林，以及矮灌草丛，地势平坦，肥力较高可开垦为旱地，种植番薯、花生、西瓜等。应继续营造防风林，防风固沙，防止土壤冲刷。

参比土种　浅黄赤土。

代表性单个土体　位于海南省儋州市排浦镇山沟村，19°36′18.4″N，109°7′43.6″E，海拔15 m，海岸平原，海相沉积物母质，木麻黄荒草地。50 cm 深土壤温度为 26.5℃。野外调查时间为 2009 年 11 月 25 日，编号为 46-017。

Ah： 0～26 cm，灰黄色（2.5YR7/2，干），灰红色（2.5YR6/2，润），砂土，块状结构，疏松，多量中根和细根，向下平滑渐变过渡。

Bt： 26～134 cm，浊红棕色（2.5YR5/4，干），暗红棕色（2.5YR3/6，润），壤质砂土，块状结构，稍坚实，少量细根。

排浦系代表性单个土体剖面

排浦系代表性单个土体土壤物理性质

土层	深度/cm	砾石（>2mm，体积分数)/%	细土颗粒组成 (粒径：mm)/(g/kg)			质地	容重/(g/cm³)
			砂粒 2～0.05	粉粒 0.05～0.002	黏粒 <0.002		
Ah	0～26	0	898	46	56	砂土	1.60
Bt	26～134	0	817	95	88	壤质砂土	1.56

排浦系代表性单个土体土壤化学性质

深度/cm	pH		有机碳/(g/kg)	全氮(N)/(g/kg)	全磷(P)/(g/kg)	全钾(K)/(g/kg)	CEC₇	ECEC	盐基饱和度/%	铝饱和度/%	游离氧化铁/(g/kg)	铁游离度/%
	H₂O	KCl					/[cmol(+)/kg 黏粒]					
0～26	5.5	4.2	1.6	0.15	0.42	0.8	22.98	8.85	29.76	1.28	2.64	55.3
26～134	4.8	3.9	4.0	0.13	0.76	1.4	15.51	12.98	57.24	2.66	7.71	56.9

7.3 普通黏化湿润富铁土

7.3.1 邦溪系（Bangxi Series）

土　族：砂质硅质混合型酸性高热性–普通黏化湿润富铁土
拟定者：漆智平，王登峰，王汀忠

分布与环境条件　分布于海南西部的台地丘陵地区，海拔 50～100 m；花岗岩残积物母质，植被以木薯和林地为主；热带海洋性气候，年均日照时数为 2000～2200 h，年均气温为 24～25℃，年均降雨量为 1400～1500 mm。

邦溪系典型景观

土系特征与变幅　诊断层为淡薄表层、低活性富铁层、黏化层；诊断特性包括高热土壤温度状况、湿润土壤水分状况。土体厚度大于 1.2 m，低活性富铁层上界出现于 10～15 cm 深度，厚度 110～120 cm，铁游离度 50%～55%，细砂含量为 550～800 g/kg，黏粒含量为 70～150 g/kg，壤质砂土–砂质壤土；黏化层上界出现于 100～110 cm 深度，厚度 20～30 cm，黏粒含量为 100～150 g/kg，砂质壤土；pH 5.0～5.5。

对比土系　北芳系，同一土族，花岗岩风化物母质，黏化层上界出现于 30～35 cm 深度，厚度 90～100 cm，Bt 层游离氧化铁含量约为 30 g/kg，铁游离度 55%～65%。光村系，同一土族，玄武岩风化物母质，黏化层上界出现于 10～20 cm 深度，厚度约 70 cm，通体为砂质壤土。

利用性能综述　土体深厚，表层为壤质砂土，耕性好，分布地区灌溉条件优越，但土壤有机质、全氮和速效钾含量较低，有效磷极为缺乏。在生产过程中，应注重培肥地力，增施有机肥，提高土壤养分含量。

参比土种　麻褐赤土。

代表性单个土体　位于海南省白沙县邦溪镇草头小村，19°22′56.0″N，109°05′19.6″E，海拔 81 m，台地丘陵岗地，花岗岩残积物母质，木薯旱地。50 cm 深土壤温度为 26.6℃。野外调查时间为 2010 年 11 月 22 日，编号为 46-019。

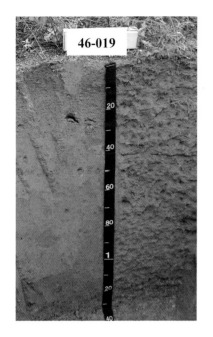

A:　　0～14 cm，浊橙色（5YR6/3，干），亮红棕色（5YR5/6，润），壤质砂土，块状结构，疏松，少量细根，极少量约 1 mm 次圆形花岗岩碎屑，向下平滑渐变过渡。

Bw1：14～45 cm，浊橙色（5YR6/4，干），亮红棕色（5YR5/6，润），壤质砂土，块状结构，疏松，极少细根，少量约 1 mm 次圆形花岗岩，少量蚁穴，向下平滑渐变过渡。

Bw2：45～124 cm，浊橙色（5YR7/3，干），橙色（5YR6/6，润），砂质壤土，块状结构，稍坚实，含有个别蚁穴，向下平滑模糊过渡。

Bt：　124～130 cm，橙色（5YR6/6，干），亮红棕色（5YR5/8，润），砂质壤土，块状结构，坚实。

邦溪系代表性单个土体剖面

邦溪系代表性单个土体土壤物理性质

| 土层 | 深度/cm | 砾石（>2mm，体积分数)/% | 细土颗粒组成（粒径：mm)/(g/kg) | | | 质地 | 容重/(g/cm³) |
			砂粒 2～0.05	粉粒 0.05～0.002	黏粒 <0.002		
A	0～14	0	775	145	80	壤质砂土	1.67
Bw1	14～45	0	799	125	76	壤质砂土	1.73
Bw2	45～124	0	765	150	85	砂质壤土	1.71
Bt	124～130	0	568	289	143	砂质壤土	—

邦溪系代表性单个土体土壤化学性质

| 深度/cm | pH | | 有机碳/(g/kg) | 全氮(N)/(g/kg) | 全磷(P)/(g/kg) | 全钾(K)/(g/kg) | CEC₇/[cmol(+)/kg 黏粒] | 盐基饱和度/% | 游离氧化铁/(g/kg) | 铁游离度/% |
	H₂O	KCl								
0～14	5.3	4.4	6.0	0.29	0.15	16.50	27.2	57.7	12.5	47.7
14～45	5.3	4.2	2.8	0.16	0.09	10.23	19.5	68.0	11.1	51.6
45～124	5.2	4.3	4.3	0.25	0.16	8.89	46.1	26.0	16.7	52.3
124～130	5.4	4.4	4.4	0.30	0.10	10.53	40.6	21.7	65.7	52.5

7.3.2　北芳系（**Beifang Series**）

土　族：砂质硅质混合型酸性高热性-普通黏化湿润富铁土
拟定者：漆智平，王登峰，王汀忠

分布与环境条件　分布于海南中北部丘陵坡脚，地势平缓，海拔 60～100 m；花岗岩风化物母质，旱地，种植木薯或甘蔗；热带海洋性气候，年均日照时数为 1900～2000 h，年均气温为 23～24℃，年均降水量为2000～2100 mm。

北芳系典型景观

土系特征与变幅　诊断层包括淡薄表层、低活性富铁层、黏化层；诊断特性包括高热土壤温度状况、湿润土壤水分状况。土体厚度大于 1.2 m，低活性富铁层上界出现于 10～15 cm 深度，厚度大于 1.2 m，铁游离度 55%～65%，黏粒含量为 50～150 g/kg，壤质砂土-砂质壤土；黏化层上界出现于 30～35 cm 深度，厚度为 90～100 cm，砂粒含量为 600～650 g/kg，砂质壤土；土壤 pH 5.0～5.5。

对比土系　邦溪系，同一土族，花岗岩残积物母质，黏化层上界出现于 100～110 cm 深度，厚度 20～30 cm，Bt 层游离氧化铁含量约为 65 g/kg，铁游离度 50%～55%。光村系，同一土族，玄武岩风化物母质，黏化层上界出现于 10～20 cm 深度，厚度约 70 cm，通体为砂质壤土。

利用性能综述　土体深厚，表层土壤为壤质砂土，耕性好，但地表有略起伏，易导致土壤侵蚀，土壤有机质和速效养分含量较低。利用上以木薯和甘蔗为主，在种植过程中，应注意搞好水土保持，增施有机肥以培肥地力，适当施用磷钾肥。

参比土种　中麻赤土。

代表性单个土体　位于海南省澄迈县太平乡北芳村，19°39′54.8″N，109°59′55.3″E，海拔 81 m，丘陵坡脚，花岗岩风化物母质，木薯旱地。50 cm 深土壤温度为 26.4℃。野外调查时间为 2010 年 11 月 29 日，编号为 46-040。

A：　0～12 cm，淡红灰色（10R7/1，干），红灰色（10R6/1，润），壤质砂土，块状结构，疏松，中量细根，向下平滑清晰过渡。

Bw：12～33 cm，红灰色（2.5YR6/1，干），灰红色（2.5YR6/2，润），壤质砂土，块状结构，疏松，少量细根，向下平滑清晰过渡。

Bt：　33～126 cm，浊红棕色（2.5YR5/4，干），红棕色（2.5YR4/8，润），砂质壤土，块状结构，稍坚实，无根系分布。

北芳系代表性单个土体剖面

北芳系代表性单个土体土壤物理性质

土层	深度 /cm	砾石 (>2mm，体积分数)/%	细土颗粒组成 (粒径：mm)/(g/kg)			质地	容重 /(g/cm³)
			砂粒 2～0.05	粉粒 0.05～0.002	黏粒 <0.002		
A	0～12	0	821	136	43	壤质砂土	1.55
Bw	12～33	0	805	129	66	壤质砂土	1.81
Bt	33～126	0	631	221	148	砂质壤土	1.71

北芳系代表性单个土体土壤化学性质

深度 /cm	pH H₂O	pH KCl	有机碳 /(g/kg)	全氮(N) /(g/kg)	全磷(P) /(g/kg)	全钾(K) /(g/kg)	CEC₇ /[cmol(+)/kg 黏粒]	盐基饱和度/%	游离氧化铁/(g/kg)	铁游离度/%
0～12	5.3	4.1	5.8	0.17	0.10	0.33	12.9	69.2	4.91	83.7
12～33	5.1	4.0	4.2	0.14	0.06	0.43	18.8	25.2	10.79	58.3
33～126	5.0	3.9	6.3	0.24	0.15	0.93	30.2	8.5	29.25	61.2

7.3.3 光村系（Guangcun Series）

土　族：砂质硅质混合型酸性高热性–普通黏化湿润富铁土
拟定者：漆智平，杨　帆，王登峰

分布与环境条件　分布于海南西北部丘陵坡脚地带，地势平缓，海拔 50～80 m；玄武岩风化物母质，桉树林；热带海洋性气候，年均日照时数为 2000～2100 h，年均气温为 23～24℃，年均降水量为 1500～1600 mm。

光村系典型景观

土系特征与变幅　诊断层包括淡薄表层、低活性富铁层、黏化层；诊断特性包括高热土壤温度状况、湿润土壤水状况。土体厚度大于 1.2 m，低活性富铁层上界出现于 10～20 cm 深度，厚度 100～110 cm，铁游离度 60%～65%，砂粒含量为 600～650 g/kg，黏粒含量为 100～150 g/kg，砂质壤土；黏化层上界出现于 10～20 cm 深度，厚度约为 70 cm，砂粒含量约为 650 g/kg，黏粒含量约为 150 g/kg，砂质壤土；pH 4.0～4.5。

对比土系　邦溪系，同一土族，花岗岩残积物母质，黏化层上界出现于 100～110 cm 深度，厚度 20～30 cm，细土质地为壤质壤土–砂质壤土。北芳系，同一土族，花岗岩风化物母质，黏化层上界出现于 30～35 cm 深度，厚度 90～100 cm，细土质地为壤质砂土–砂质壤土。美杨系，同一亚类，不同土族，花岗岩风化物母质，颗粒大小级别为黏壤质，黏化层上界出现于 35～40 cm 深度，厚度 30～35 cm，细土质地为壤土–黏壤土。

利用性能综述　土体深厚，土体结构好，生产潜力大，但土壤呈强酸性，有机质缺乏，全氮、有效磷、速效钾含量极缺乏。利用时应施用石灰改善土壤酸性状况，培肥土壤，发展番薯和豆类生产。

参比土种　赤土。

代表性单个土体　位于海南省儋州市光村镇榕妙水新村，19°48′1.4″N，109°29′32.0″E，海拔 62 m，丘陵坡脚，玄武岩风化物母质，桉树林。50 cm 深土壤温度为 26.3℃。野外调查时间为 2009 年 11 月 26 日，编号为 46-010。

Ah: 0～12 cm，红色（10R5/6，干），红色（10R4/8，润），砂质壤土，小块状结构，稍坚实，少量粗根，向下平滑清晰过渡。

Bt: 12～82 cm，红色（10R4/8，干），红色（10R4/8，润），壤土，块状结构，坚实，少量中根，有动物穴，向下平滑模糊过渡。

Bw: 82～120 cm，红色（10R4/8，干），红色（10R4/8，润），黏壤土，块状结构，坚实，少量中根，有蚁穴。

光村系代表性单个土体剖面

光村系代表性单个土体土壤物理性质

| 土层 | 深度/cm | 砾石(>2mm，体积分数)/% | 细土颗粒组成 (粒径：mm)/(g/kg) | | | 质地 | 容重/(g/cm³) |
			砂粒 2～0.05	粉粒 0.05～0.002	黏粒 <0.002		
Ah	0～12	0	679	199	122	砂质壤土	1.55
Bt	12～82	0	642	202	156	壤土	1.50
Bw	82～120	0	601	279	120	黏壤土	1.56

光村系代表性单个土体土壤化学性质

| 深度/cm | pH | | 有机碳/(g/kg) | 全氮(N)/(g/kg) | 全磷(P)/(g/kg) | 全钾(K)/(g/kg) | CEC_7/[cmol(+)/kg 黏粒] | 盐基饱和度/% | 游离氧化铁/(g/kg) | 铁游离度/% |
	H_2O	KCl								
0～12	4.5	3.4	5.9	0.34	0.66	2.31	18.4	13.3	25.0	66.2
12～82	4.4	3.2	3.1	0.23	0.77	3.93	16.1	14.8	31.1	63.6
82～120	4.4	3.3	2.3	0.22	0.81	2.86	34.9	10.8	42.0	66.3

7.3.4 美扬系（Meiyang Series）

土　族：黏壤质硅质混合型酸性高热性-普通黏化湿润富铁土
拟定者：漆智平，杨　帆，王登峰

分布与环境条件　分布于
海南儋州东部、东南部及西
北部缓坡低丘，海拔 100～
150 m；花岗岩风化物母质，
种植橡胶、甘蔗、人工林等；
热带海洋性气候，年均日照
时数为 2000～2100 h，年均
气温为 23～25℃，年均降水
量 1600～1700 mm。

美扬系典型景观

土系特征与变幅　诊断层为淡薄表层、低活性富铁层、黏化层；诊断特性包括高热土壤
温度状况、湿润土壤水状况。土体厚度大于 1.2 m，低活性富铁层上界出现于 10～20 cm
深度，厚度 50～60 cm，黏粒和粉粒含量均为 200～300 g/kg，砂质黏壤土-黏壤土；黏化
层上界出现于 35～40 cm 深度，厚度 30～35 cm，黏壤土；细土质地为壤土-黏壤土，pH
4.5～5.5。

对比土系　光村系，同一亚类，不同土族，玄武岩风化物母质，颗粒大小级别为砂质，
通体为砂质壤土，黏化层上界出现于 10～20 cm 深度，厚度约 70 cm。

利用性能综述　土体深厚，结构较好，生产潜力大。有机质和全氮中低水平，已开垦为
橡胶、甘蔗种植，应注意培肥土壤，施用石灰改善强酸环境。坡度较大宜发展林木生产，
增加植被覆盖度，防止水土流失。

参比土种　麻赤土。

代表性单个土体　位于海南省儋州市西庆农场美扬村，花岗岩低丘底部，19°32′22.3″N，
109°27′37.6″E，海拔 126 m，花岗岩风化物母质，橡胶林。50 cm 深土壤温度为 26.4℃。
野外调查时间为 2010 年 1 月 20 日，编号为 46-015。

Ah：0～14 cm，红棕色（2.5YR4/6，干），暗红棕（2.5YR3/6，润），砂质黏壤土，块状结构，稍坚实，多量极细根和少量粗根，向下平滑渐变过渡。

Bw：14～37 cm，红棕色（2.5YR4/6，干），暗红棕（2.5YR3/6，润），壤土，块状结构，稍坚实，少量粗根，向下平滑渐变过渡。

Bt：37～66 cm，红棕色（2.5YR4/6，干），暗红棕（2.5YR3/6，润），黏壤土，块状结构，稍坚实，无根系分布，向下平滑渐变过渡。

BC：66～120 cm，红棕色（10R5/3，干），红色（10R4/6，润），壤土，屑粒状结构，坚实，少量花岗岩半风化物。

美扬系代表性单个土体剖面

美扬系代表性单个土体土壤物理性质

土层	深度/cm	砾石(>2mm，体积分数)/%	细土颗粒组成 (粒径: mm)/(g/kg)			质地	容重/(g/cm³)
			砂粒 2～0.05	粉粒 0.05～0.002	黏粒 <0.002		
Ah	0～14	0	656	100	244	砂质黏壤土	1.53
Bw	14～37	0	518	276	206	壤土	1.64
Bt	37～66	0	416	299	285	黏壤土	1.64
BC	66～120	5	436	297	267	壤土	—

美扬系代表性单个土体土壤化学性质

深度/cm	pH		有机碳/(g/kg)	全氮(N)/(g/kg)	全磷(P)/(g/kg)	全钾(K)/(g/kg)	CEC₇/[cmol(+)/kg 黏粒]	盐基饱和度/%	游离氧化铁/(g/kg)	铁游离度/%
	H₂O	KCl								
0～14	4.8	3.7	8.1	0.71	0.77	6.21	15.2	22.2	22.1	59.9
14～37	4.7	3.7	7.7	0.52	0.68	6.02	23.0	6.6	32.7	63.2
37～66	4.8	3.6	5.3	0.49	0.84	6.03	18.1	6.6	34.1	53.1
66～120	5.1	3.8	3.5	0.29	0.79	3.60	31.0	11.1	48.2	64.1

7.4 普通简育湿润富铁土

7.4.1 龙浪系（Longlang Series）

土　族：砂质硅质混合型酸性高热性-普通简育湿润富铁土
拟定者：漆智平，王登峰，王汀忠

分布与环境条件　分布于海
南北部海积平原区，地势平
缓，海拔 30～50 m；海相沉
积物母质，耕地，番薯和甘蔗
旱作；热带海洋性气候，年均
日照时数为 1900～2000 h，年
均气温为 25～26℃，年均降
水量为 1700～1800 mm。

龙浪系典型景观

土系特征与变幅　诊断层为淡薄表层、低活性富铁层；诊断特性包括高热土壤温度状况、
湿润土壤水分状况。土体厚度大于 0.9 m，低活性富铁层上界出现于 40～50 cm 深度，厚
度 40～50 cm，浊黄棕色（5YR），铁游离度 70%～75%；剖面土壤砂粒含量为 650～900
g/kg，砂土-砂质壤土，pH 5.0～5.5。

对比土系　石屋系，同一亚类，不同土族，砂页岩风化物母质，颗粒大小级别为黏壤质，
细土质地为砂质黏壤土-壤土。

利用性能综述　土体深厚，表层疏松，耕性好，但质地较粗，不利于有机质和土壤养分
元素的积累，且土壤养分元素较为缺乏。应增施有机肥，培肥地力，并适量施用氮磷钾
肥，提高土壤养分含量。

参比土种　灰浅黄赤土。

代表性单个土体　位于海南省临高县博厚镇龙浪村，19°54′26.8″N，109°43′46.4″E，海拔
42 m，海积平原，海相沉积物母质，番薯旱地。50 cm 深土壤温度为 26.2℃。野外调查
时间为 2010 年 11 月 27 日，编号为 46-032。

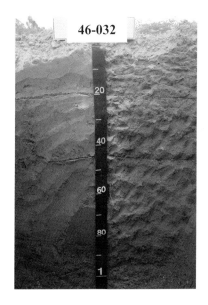

A:　0～20 cm，浊橙色（5YR7/4，干），浊橙色（5YR6/4，润），砂土，小块状结构，疏松，中量中细根，向下平滑清晰过渡。

Bw1: 20～43 cm，浊橙色（5YR6/4，干），亮红棕色（5YR5/6，润），壤质砂土，块状结构，疏松，少量细根，向下平滑清晰过渡。

Bw2: 43～95 cm，浊橙色（5YR6/3，干），浊黄棕色（5YR5/5，润），壤质砂土，块状结构，稍坚实，极少量细根，向下平滑清晰过渡。

BC:　95～105 cm，浊红棕色（5YR5/4，干），红棕色（5YR4/6，润），砂质壤土，块状结构，稍坚实。

龙浪系代表性单个土体剖面

龙浪系代表性单个土体土壤物理性质

| 土层 | 深度/cm | 砾石（>2mm，体积分数)/% | 细土颗粒组成 (粒径: mm)/(g/kg) | | | 质地 | 容重/(g/cm³) |
			砂粒 2～0.05	粉粒 0.05～0.002	黏粒 <0.002		
A	0～20	0	882	78	40	砂土	1.59
Bw1	20～43	0	724	221	55	壤质砂土	1.61
Bw2	43～95	0	781	159	60	壤质砂土	1.60
BC	95～105	0	678	241	81	砂质壤土	—

龙浪系代表性单个土体土壤化学性质

深度/cm	pH H₂O	pH KCl	有机碳/(g/kg)	全氮(N)/(g/kg)	全磷(P)/(g/kg)	全钾(K)/(g/kg)	CEC₇/[cmol(+)/kg 黏粒]	盐基饱和度/%	游离氧化铁/(g/kg)	铁游离度/%
0～20	5.0	3.9	3.2	0.17	0.09	0.70	17.2	75.0	4.3	66.8
20～43	5.4	4.2	3.5	0.14	0.07	0.57	26.4	30.9	5.3	75.3
43～95	5.4	4.2	2.0	0.04	0.05	0.29	13.8	75.8	5.2	71.6
95～105	5.3	4.1	4.3	0.19	0.10	0.88	42.2	31.4	15.2	20.2

7.4.2 石屋系（Shiwu Series）

土　族：黏壤质硅质混合型酸性高热性-普通简育湿润富铁土
拟定者：漆智平，杨　帆，王登峰

分布与环境条件　分布于海南西北部的丘陵坡地，缓坡，海拔 120～180 m；砂页岩风化物母质，植被以橡胶、甘蔗、果园为主，植被覆盖度 40%～80%；热带海洋性气候，年均日照时数为 1800～2000 h，年均气温为 24～26℃，年均降水量为 1600～1800 mm。

石屋系典型景观

土系特征与变幅　诊断层为淡薄表层、低活性富铁层；诊断特性包括高热土壤温度状况、湿润土壤水分状况。土体厚度为 80～90 cm，低活性富铁层上界出现于 30 cm 左右深度，厚度 50～60 cm，游离氧化铁含量为 35～40 g/kg，铁游离度约 60%；剖面土体黏粒含量为 200～250 g/kg，砂质黏壤土-壤土，底部有半风化碎屑，pH 4.7～5.2。

对比土系　龙浪系，同一亚类，不同土族，海相沉积物母质，颗粒大小级别为砂质，细土质地为砂土-砂质壤土。

利用性能综述　土体深厚，壤质，耕性好，但土壤养分缺乏。适宜发展热带果树和经济林木，需培肥地力，坡度较大，做好水土保持。

参比土种　页黄赤土。

代表性单个土体　位于海南省儋州市那大镇石屋村，19°32′43.7″N，109°33′28.5″E，海拔 140 m，低丘阶地，砂页岩风化物母质，果园。50 cm 深土壤温度为 26.4℃。野外调查时间为 2009 年 11 月 25 日，编号为 46-008。

石屋系代表性单个土体剖面

A:　0～15 cm，浊棕色（7.5YR6/3，干），浊棕色（7.5YR5/4，润），砂质黏壤土，小块状结构，稍坚实，少量孔隙及细根，极少量小于 2 mm 的新鲜矿物碎屑，向下平滑渐变过渡。

AB:　15～31 cm，浊橙色（7.5YR6/4，干），亮棕色（7.5YR5/6，润），壤土，块状结构，稍坚实，极少极细根，极少量石英粒，向下平滑渐变过渡。

Bw1:　31～50 cm，橙色（7.5YR6/6，干），亮棕色（7.5YR5/6，润），壤土，块状结构，坚实，极少极细根，极少量石英粒，向下平滑清晰过渡。

Bw2:　50～88 cm，橙色（7.5YR6/6，干），亮棕色（7.5YR5/8，润），壤土，块状结构，坚实，无根系，少量石英粒，向下平滑清晰过渡。

BC:　88～116 cm，淡黄棕色（10YR7/6，干），淡红棕色（5YR5/8，润），壤土，块状结构，少量半风化体。

石屋系代表性单个土体土壤物理性质

| 土层 | 深度/cm | 砾石(>2mm，体积分数)/% | 细土颗粒组成（粒径：mm）/(g/kg) | | | 质地 | 容重/(g/cm³) |
			砂粒 2～0.05	粉粒 0.05～0.002	黏粒 <0.002		
A	0～15	0	541	247	212	砂质黏壤土	1.55
AB	15～31	0	404	376	220	壤土	1.54
Bw1	31～50	0	424	341	235	壤土	1.56
Bw2	50～88	0	363	397	240	壤土	1.58
BC	88～116	15	354	405	241	壤土	—

石屋系代表性单个土体土壤化学性质

深度/cm	pH H₂O	pH KCl	有机碳/(g/kg)	全氮(N)/(g/kg)	全磷(P)/(g/kg)	全钾(K)/(g/kg)	CEC₇/[cmol(+)/kg 黏粒]	ECEC/[cmol(+)/kg 黏粒]	盐基饱和度/%	铝饱和度/%	游离氧化铁/(g/kg)	铁游离度/%
0～15	5.2	4.0	9.5	0.60	1.04	7.43	16.2	10.6	47.2	6.0	27.6	59.1
15～31	4.9	3.7	7.0	0.38	0.93	8.25	20.2	8.1	18.7	11.7	33.7	60.2
31～50	4.7	3.8	4.7	0.24	1.06	8.00	19.3	8.7	10.7	17.8	37.6	64.4
50～88	4.7	3.6	3.1	0.17	0.97	7.88	29.8	9.2	7.3	18.3	40.4	58.9
88～116	4.7	3.7	3.6	0.65	1.45	10.06	31.2	8.8	7.9	17.4	48.6	62.9

第8章 淋 溶 土

8.1 普通铁质干润淋溶土

8.1.1 报英系（Baoying Series）

土 族：砂质硅质混合型非酸性高热性-普通铁质干润淋溶土
拟定者：漆智平，王登峰

分布与环境条件　分布于海南西南部海积平原，地势平缓，海拔 30～80 m；海相沉积物母质，桉树林，植被覆盖度约为 70%；热带干热性气候，年均日照时数约为 2100～2200 h，年均气温为 24～25℃，年均降水量为 1100～1200 mm。

报英系典型景观

土系特征与变幅　诊断层为淡薄表层、黏化层；诊断特性包括高热土壤温度状况、半干润土壤水分状况、铁质特性。土体厚度大于 1.2 m，黏化层上界出现于 20～25 cm 深度，厚度为 100～110 cm，铁游离度 60%～80%；剖面土体砂粒含量约为 700～850 g/kg，黏粒含量低于 100 g/kg，砂土-砂质壤土，pH 5.0～6.0。

对比土系　落基系，同一亚类，不同土族，颗粒大小级别为黏壤质，细土质地为砂质壤土-砂质黏壤土，铁游离度范围为 40%～50%。

利用性能综述　土体深厚，地处缓坡，易于发生水土流失，养分含量低。适宜发展防风林，并防止土壤侵蚀。

参比土种　浅燥红土。

代表性单个土体　位于海南省东方市罗带镇报英村，19°06′29.4″N，108°43′55.5″E，海拔 50m，海相沉积物母质，桉树林地。50 cm 深土壤温度为 26.8℃。野外调查时间为 2009 年 11 月 26 日，编号为 46-061。

A:　0～22 cm，浊棕色（7.5YR6/3，干），亮棕色（7.5YR5/6，润），砂土，粒状结构，疏松，多量中细根，多量蚂蚁，向下平滑清晰过渡。

Bt1：22～51 cm，浊橙色（7.5YR6/4，干），亮棕色（7.5YR5/8，润），壤质砂土，块状结构，稍坚实，少量中细根，向下平滑渐变过渡。

Bt2：51～124 cm，橙色（7.5YR6/6，干），亮棕色（7.5YR5/8，润），砂质壤土，块状结构，坚实，少量角状石英颗粒。

报英系代表性单个土体剖面

报英系代表性单个土体土壤物理性质

土层	深度/cm	砾石（>2mm，体积分数)/%	细土颗粒组成 (粒径：mm)/(g/kg)			质地	容重/(g/cm³)
			砂粒 2～0.05	粉粒 0.05～0.002	黏粒 <0.002		
A	0～22	0	865	119	16	砂土	1.52
Bt1	22～51	0	801	144	55	壤质砂土	1.57
Bt2	51～124	5	671	247	82	砂质壤土	1.64

报英系代表性单个土体土壤化学性质

深度/cm	pH H₂O	pH KCl	有机碳/(g/kg)	全氮(N)/(g/kg)	全磷(P)/(g/kg)	全钾(K)/(g/kg)	CEC₇	ECEC	盐基饱和度/%	铝饱和度/%	游离氧化铁/(g/kg)	铁游离度/%
							/[cmol(+)/kg 黏粒]					
0～22	5.9	4.5	3.6	0.12	0.04	7.08	80.5	80.5	88.5	4.2	3.4	57.6
22～51	5.7	4.6	2.6	0.11	0.09	6.95	41.4	59.3	28.0	14.5	5.5	78.5
51～124	5.2	4.2	5.2	0.34	0.14	7.18	125.6	126.3	14.2	3.8	24.6	60.4

8.1.2 落基系（Luoji Series）

土　族：黏壤质硅质混合型酸性高热性-普通铁质干润淋溶土
拟定者：漆智平，王登峰

分布与环境条件　分布于海
南南部丘陵山地缓岗，海拔
低于 80 m；花岗岩风化物坡
积物母质，果园或次生林地；
热带干热性气候，年均日照
时数为 1900～2100 h，年均
气温为 24～27℃，年均降水
量为 1100～1200 mm。

落基系典型景观

土系特征与变幅　诊断层为淡薄表层、黏化层；诊断特性为高热土壤温度状况、半干润
土壤水分状况、铁质特性。土体厚度大于 0.8 m，黏化层上界出现于 15 cm 左右深度，厚
度为 60～70 cm，土壤基质色调为 5YR，铁游离度 40%～50%，砂粒含量约为 500 g/kg，
黏粒含量为 200～250 g/kg，壤土-砂质黏壤土；pH 4.5～5.0。

对比土系　报英系，同一亚类，不同土族，颗粒大小级别为砂质，细土质地为砂土-砂质
壤土，铁游离度 60%～80%。

利用性能综述　地形较平缓，土体较深厚，植被覆盖度高，耕性好。利用时应防治水土
流失，适当增施有机肥，培肥地力，发展特色林木。

参比土种　中麻赤土。

代表性单个土体　位于海南省三亚市雅城镇落基村，18°25′22.0″N，109°11′17.4″E，海拔
28 m，丘陵缓岗中坡，花岗岩风化物坡积物母质，杧果园。50 cm 深土壤温度为 27.3℃。
野外调查时间为 2010 年 12 月 2 日，编号为 46-049。

Ah: 0～15 cm，淡棕灰色（5YR7/1，干），灰棕色（5YR6/2，润），砂质壤土，小块状结构，疏松，多量细根，少量次圆石英颗粒，向下平滑清晰过渡。

Bt1: 15～43 cm，浊橙色（5YR6/4，干），亮红棕色（5YR5/6，润），壤土，块状结构，疏松，中量中根，少量次圆石英颗粒，向下平滑清晰过渡。

Bt2: 43～80 cm，橙色（5YR7/6，干），橙色（5YR6/8，润），砂质黏壤土，块状结构，稍坚实，少量次圆石英颗粒。

落基系代表性单个土体剖面

落基系代表性单个土体土壤物理性质

土层	深度/cm	砾石（>2mm，体积分数)/%	细土颗粒组成 (粒径：mm)/(g/kg)			质地	容重/(g/cm³)
			砂粒 2～0.05	粉粒 0.05～0.002	黏粒 <0.002		
Ah	0～15	5	636	234	130	砂质壤土	1.36
Bt1	15～43	8	513	291	196	壤土	1.43
Bt2	43～80	5	490	244	266	砂质黏壤土	1.48

落基系代表性单个土体土壤化学性质

深度/cm	pH		有机碳/(g/kg)	全氮(N)/(g/kg)	全磷(P)/(g/kg)	全钾(K)/(g/kg)	CEC$_7$	ECEC	盐基饱和度/%	铝饱和度/%	游离氧化铁/(g/kg)	铁游离度/%
	H$_2$O	KCl					/[cmol(+)/kg 黏粒]					
0～15	4.6	3.6	22.0	1.19	3.56	39.99	47.7	48.7	30.6	5.9	7.7	30.1
15～43	4.7	3.6	10.6	0.54	3.11	42.63	37.5	42.5	22.3	34.9	12.9	40.1
43～80	4.5	3.6	7.1	0.40	3.41	39.92	52.6	60.6	10.9	50.9	17.8	48.7

8.2　黄色铝质湿润淋溶土

8.2.1　上溪系（Shangxi Series）

土　族：壤质硅质混合型非酸性高热性-黄色铝质湿润淋溶土
拟定者：漆智平，王登峰

分布与环境条件　分布于海南东部低山丘陵坡脚，海拔 30～80 m；砂页岩风化物坡积物母质，槟榔园或次生林地，植被覆盖度 80%以上；热带海洋性气候，年均日照时数约为 1800 h，年均气温为 24～26℃，年均降水量为 1900～2000 mm。

上溪系典型景观

土系特征与变幅　诊断层为淡薄表层、黏化层；诊断特性包括高热土壤温度状况、湿润土壤水分状况、铝质现象。土体厚度超过 1.2 m，黏化层上界出现于 30～40 cm 深度，厚度超过 60 cm，砂粒含量为 400～500 g/kg，黏粒含量为 200～250 g/kg，壤土；剖面土体砂粒含量为 400～700 g/kg，黏粒含量低于 250 g/kg，砂质壤土-壤土，pH 5.0～6.0，铝饱和度 70%～90%。

对比土系　大里系，不同土类，地形部位相似，花岗岩残积物母质，土体为红色（10R），无铝质现象，属红色酸性湿润淋溶土。

利用性能综述　地处高平台地，土体较深厚，发育较好，宜林宜农，但需注意防止水土流失，土壤有机质含量一般，应适量增施有机肥，培肥地力。

参比土种　页黄赤土。

代表性单个土体　位于海南省万宁市禄马乡上溪村，18°57′28.5″N，110°20′23.7″E，海拔 48 m，丘陵山地坡脚，砂页岩风化物坡积物母质，槟榔林地。50 cm 深土壤温度为 26.9℃。野外调查时间为 2010 年 12 月 3 日，编号为 46-056。

Ah：0～12 cm，橙色（7.5YR6/6，干），亮棕色（7.5YR5/6，润），砂质壤土，小块状结构，疏松，中量中细根，极少量次圆石英颗粒，少量蚁穴，向下平滑清晰过渡。

Bw：12～35 cm，浊橙色（7.5YR6/4，干），橙色（7.5YR6/6，润），砂质壤土，块状结构，稍坚实，少量细根，少量次圆石英颗粒，少量蚯蚓，向下平滑清晰过渡。

Bt：35～100 cm，浊橙色（5YR7/4，干），橙色（5YR6/6，润），壤土，块状结构，稍坚实，极少量极细根，少量次圆石英颗粒，向下平滑清晰过渡。

BC：100～120 cm，浊橙色（5YR7/4，干），橙色（5YR6/6，润），壤土，块状结构，坚实，无根系分布，少量次圆石英颗粒。

上溪系代表性单个土体剖面

上溪系代表性单个土体土壤物理性质

土层	深度/cm	砾石(>2mm，体积分数)/%	砂粒 2～0.05	粉粒 0.05～0.002	黏粒 <0.002	质地	容重/(g/cm³)
Ah	0～12	2	663	192	145	砂质壤土	1.41
Bw	12～35	8	692	240	68	砂质壤土	1.51
Bt	35～100	5	416	365	219	壤土	1.56
BC	100～120	5	498	389	113	壤土	—

上溪系代表性单个土体土壤化学性质

深度/cm	pH H₂O	pH KCl	有机碳/(g/kg)	全氮(N)/(g/kg)	全磷(P)/(g/kg)	全钾(K)/(g/kg)	CEC₇ [cmol(+)/kg 黏粒]	ECEC	盐基饱和度/%	铝饱和度/%	游离氧化铁/(g/kg)	铁游离度/%
0～12	5.6	4.4	16.0	0.70	0.26	14.73	30.0	42.3	9.2	70.8	20.8	22.2
12～35	5.3	4.1	9.5	0.40	0.25	15.84	117.5	152.5	3.4	83.0	31.6	33.6
35～100	5.6	4.3	4.7	0.26	0.34	8.84	41.3	58.5	3.0	89.0	39.5	38.1
100～120	5.3	4.0	3.8	0.17	0.38	25.07	67.7	109.7	4.8	88.7	33.9	32.4

8.3　普通铝质湿润淋溶土

8.3.1　细水系（Xishui Series）

土　族：壤质硅质混合型酸性高热性-普通铝质湿润淋溶土
拟定者：漆智平，王登峰

分布与环境条件　分布于海南西部丘陵山地中坡，海拔 200～250 m；砂页岩风化物坡积物母质，植被以马占相思和次生林地为主，植被覆盖度 80%以上；热带海洋性气候，年均日照时数约为 1800～2000 h，年均气温为 24～25℃，年均降水量为 1700～1800 mm。

细水系典型景观

土系特征与变幅　诊断层为淡薄表层、黏化层；诊断特性包括高热土壤温度状况、湿润土壤水分状况、铝质现象。土体厚度大于 1.2 m，黏化层上界出现于 60～70 cm 深度，铝饱和度 80%～85%，砂粒含量为 500～550 g/kg，黏粒含量低于 300 g/kg，砂质黏壤土；pH 5.0～5.5。

对比土系　南开系，同一亚类，不同土族，地理位置相近，地形部位相似，颗粒大小级别为黏壤质，细土质地为壤土-黏壤土，黏化层上界出现于 30～35 cm 深度，厚度 70～80 cm。

利用性能综述　土体发育较好，土壤呈弱酸性，但土壤有机质含量和氮磷钾养分元素含量均偏低。因此在利用时应注重施用有机肥，提高其保肥能力，并适当增施氮磷钾肥，以提高其养分元素含量。

参比土种　中页赤土。

代表性单个土体　位于海南省白沙县细水乡福马二队，19°12′44.3″N，109°33′32.7″E，海拔 244 m，丘陵山地中坡，砂页岩风化物坡积物母质，次生林地。50 cm 深土壤温度为 26.6℃。野外调查时间为 2010 年 11 月 23 日，编号为 46-023。

细水系代表性单个土体剖面

Ah: 0～27 cm，浊橙色（5YR6/3，干），浊红棕色（5YR5/4，润），壤土，小块状结构，疏松，中量中粗根，多量模糊腐殖质胶膜，向下平滑清晰过渡。

Bw: 27～68 cm，浊橙色（5YR6/3，干），浊橙色（5YR6/4，润），壤土，块状结构，疏松，少量中细根，多量模糊黏粒-腐殖质胶膜，少量蚂蚁穴，孔内填充细土，向下平滑清晰过渡。

Bt: 68～106 cm，亮棕色（7.5YR5/4，干），亮棕色（7.5YR5/6，润），砂质黏壤土，块状结构，稍坚实，少量中细根，中量模糊黏粒-腐殖质胶膜，向下平滑清晰过渡。

BC: 106～124 cm，亮棕色（7.5YR5/4，干），亮棕色（7.5YR5/6，润），砂质黏壤土，块状结构，坚实，多量角状砂岩碎块。

细水系代表性单个土体土壤物理性质

土层	深度/cm	砾石(>2mm，体积分数)/%	细土颗粒组成 (粒径：mm)/(g/kg)			质地	容重/(g/cm³)
			砂粒2～0.05	粉粒0.05～0.002	黏粒<0.002		
Ah	0～27	0	530	318	152	壤土	1.30
Bw	27～68	0	452	382	166	壤土	1.51
Bt	68～106	0	512	224	264	砂质黏壤土	1.60
BC	68～124	40	487	265	248	砂质黏壤土	—

细水系代表性单个土体土壤化学性质

深度/cm	pH		有机碳/(g/kg)	全氮(N)/(g/kg)	全磷(P)/(g/kg)	全钾(K)/(g/kg)	CEC₇	ECEC	盐基饱和度/%	铝饱和度/%	游离氧化铁/(g/kg)	铁游离度/%
	H₂O	KCl					[cmol(+)/kg 黏粒]					
0～27	5.0	4.0	14.3	0.61	0.11	7.08	51.4	81.9	8.1	82.6	12.4	39.8
27～68	5.5	4.2	7.5	0.42	0.15	7.38	52.6	81.3	11.4	78.1	26.4	65.4
68～106	5.5	4.4	5.8	0.27	0.03	0.43	33.0	52.7	8.8	82.1	47.5	41.4
68～124	5.1	4.0	6.2	0.27	0.11	12.83	52.0	77.0	5.8	84.4	50.4	42.0

8.3.2　好保系（Haobao Series）

土　族：黏壤质硅质混合型酸性高热性-普通铝质湿润淋溶土
拟定者：漆智平，王登峰

分布与环境条件　分布于海
南北部台地,海拔 80～120 m;
片麻岩坡积物母质，林地或
次生林，植被覆盖度 80%以
上；热带海洋性气候，年均
日照时数为 1900～2000 h, 年
均气温为 23～24℃，年均降
水量为 1900～2000 mm。

好保系典型景观

土系特征与变幅　诊断层为淡薄表层、黏化层；诊断特性包括高热土壤温度状况、湿润
土壤水分状况、铝质现象。土体厚度超过 1.5 m，黏化层上界出现于 20～30 cm 深度，厚
度 70～80 cm，铝饱和度 75%～80%，砂粒含量约为 300 g/kg，黏粒含量为 250～350 g/kg,
黏壤土；细土质地为砂质壤土-黏壤土，pH 4.5～5.5。

对比土系　加柳坡系，同一土族，玄武岩风化物母质，黏化层上界出现于 10～20 cm 深
度，厚度 1.2～1.3 m。南开系，同一土族，砂页岩风化物母质细土质地为壤土-黏壤土,
黏化层上界出现于 30～35cm 深度，厚度约为 80 cm，铝饱和度 65%～70%。祖关系，同
一土族，花岗岩风化物母质，黏化层上界出现于 15～20 cm 深度，厚度 1.2～1.3 m，细
土质地为砂质壤土-粉砂壤土。

利用性能综述　土体深厚，发育较好，适于开发种植橡胶，由于其土壤偏酸，在利用时
应注意施用适量石灰，改良土壤酸性。土壤氮磷钾养分含量较低，应注重平衡施肥，提
高土壤养分元素含量。

参比土种　厚厚红赤土。

代表性单个土体　位于海南省澄迈县中兴镇好保村，19°33′58.0″N，109°51′05.5″E，海拔
99 m，片麻岩坡积物母质，橡胶林地。50 cm 深土壤温度为 26.4℃。野外调查时间为 2009
年 11 月 26 日，编号为 46-039。

Ah：0～24 cm，浊红棕色（5YR5/4，干），红棕色（5YR4/6，润），砂质壤土，块状结构，疏松，多量中根，向下平滑清晰过渡。

Bt1：24～46 cm，亮红棕色（5YR5/6，干），红棕色（5YR4/6，润），黏壤土，块状结构，疏松，少量中细根，向下平滑清晰过渡。

Bt2：46～90 cm，亮红棕色（5YR5/6，干），红棕色（5YR4/8，润），黏壤土，块状结构，稍坚实，少量中细根，向下平滑清晰过渡。

BC：90～150 cm，浊橙色（5YR7/4，干），浊橙色（5YR6/4，润），壤土，块状结构，坚实，极少量细根。

好保系代表性单个土体剖面

好保系代表性单个土体土壤物理性质

土层	深度 /cm	砾石 (>2mm，体积分数)/%	细土颗粒组成 (粒径：mm)/(g/kg)			质地	容重 /(g/cm³)
			砂粒 2～0.05	粉粒 0.05～0.002	黏粒 <0.002		
Ah	0～24	0	623	198	179	砂质壤土	1.46
Bt1	24～46	0	317	347	336	黏壤土	1.43
Bt2	46～90	0	294	415	291	黏壤土	1.32
BC	90～150	0	348	461	191	壤土	1.39

好保系代表性单个土体土壤化学性质

深度 /cm	pH H₂O	pH KCl	有机碳 /(g/kg)	全氮(N) /(g/kg)	全磷(P) /(g/kg)	全钾(K) /(g/kg)	CEC₇ /[cmol(+)/kg 黏粒]	ECEC /[cmol(+)/kg 黏粒]	盐基饱和度/%	铝饱和度/%	游离氧化铁 /(g/kg)	铁游离度 /%
0～24	4.7	3.7	32.4	1.31	0.44	22.07	42.3	51.0	16.7	49.6	38.3	72.1
24～46	5.0	4.0	13.7	0.62	0.48	16.88	80.3	94.5	3.1	80.4	52.6	78.3
46～90	5.3	4.2	9.3	0.18	0.44	18.78	94.0	109.0	3.6	77.2	56.0	80.1
90～150	5.2	4.2	4.9	0.12	0.39	22.97	64.4	79.1	10.8	61.3	54.4	86.0

8.3.3 加柳坡系（Jialiupo Series）

土　族：黏壤质硅质混合型酸性高热性-普通铝质湿润淋溶土
拟定者：漆智平，王登峰

分布与环境条件　分布于海南北部玄武岩台地丘陵山地坡脚地区，海拔 100～150 m；玄武岩坡积物母质，次生林或灌木林，植被覆盖度 80%以上；热带海洋性气候，年均日照时数为 1800～1900 h，年均气温为 23～24℃，年均降水量为 1800～2000 mm。

加柳坡系典型景观

土系特征与变幅　诊断层为淡薄表层、黏化层；诊断特性包括高热土壤温度状况、湿润土壤水分状况、铝质现象。土体厚度超过 1.3 m，黏化层上界出现于 10～20 cm 深度，厚度 1.2～1.3 m，砂粒含量为 450～600 g/kg，黏粒含量为 200～300 g/kg，砂质黏壤土-黏壤土，铝饱和度 75%～85%；土壤 pH 4.5～5.0。

对比土系　好保系，同一土族，片麻岩风化物母质，黏化层上界出现于 20～30cm 深度，厚度 70～80 cm。南开系，同一土族，砂页岩风化物母质，细土质地为壤土-黏壤土，黏化层上界出现于 30～35cm 深度，厚度 70～80 cm，铝饱和度 65%～70%。祖关系，同一土族，花岗岩风化物母质，细土质地为砂质壤土-粉砂壤土，黏化层铝饱和度 65%～75%。

利用性能综述　土体深厚，但表层浅薄，质地较粗，保肥保水能力差，目前植被主要为次生林地和灌木，应进一步注重水土保持。

参比土种　灰黄赤土。

代表性单个土体　位于海南省澄迈县文儒乡加柳坡村，19°32′24.8″N，110°02′47.4″E，海拔 110 m，低丘山地坡脚，玄武岩坡积物母质，次生林地。50 cm 深土壤温度为 26.4℃。野外调查时间为 2010 年 11 月 21 日，编号为 46-043。

Ah： 0～10 cm，浊红棕色（5YR5/3，干），浊红棕色（5YR4/3，润），砂质壤土，粒状结构，疏松，多量中细根，向下平滑清晰过渡。

Bt1： 10～57 cm，浊橙色（5YR6/3，干），浊红棕色（5YR5/3，润），砂质黏壤土，块状结构，较坚实，少量细根，少量蚂蚁穴，向下平滑清晰过渡。

Bt2： 57～134 cm，浊橙色（5YR6/3，干），浊橙色（5YR6/4，润），黏壤土，块状结构，较坚实，少量细根，极少量角状半风化物母质。

加柳坡系代表性单个土体剖面

加柳坡系代表性单个土体土壤物理性质

土层	深度 /cm	砾石 (>2mm，体积分数)/%	细土颗粒组成（粒径：mm）/(g/kg)			质地	容重 /(g/cm³)
			砂粒 2～0.05	粉粒 0.05～0.002	黏粒 <0.002		
Ah	0～10	0	671	181	148	砂质壤土	1.31
Bt1	10～57	0	594	190	216	砂质黏壤土	1.46
Bt2	57～134	2	443	214	343	黏壤土	1.51

加柳坡系代表性单个土体土壤化学性质

深度 /cm	pH H₂O	pH KCl	有机碳 /(g/kg)	全氮(N) /(g/kg)	全磷(P) /(g/kg)	全钾(K) /(g/kg)	CEC₇	ECEC	盐基饱和度/%	铝饱和度/%	游离氧化铁 /(g/kg)	铁游离度/%
							/[cmol(+)/kg 黏粒]					
0～10	4.5	3.5	29.9	1.17	0.25	2.18	33.6	53.5	9.5	76.0	21.1	57.3
10～57	4.7	3.6	10.2	0.51	0.20	2.38	25.6	37.0	5.7	79.1	29.2	75.1
57～134	4.9	3.9	6.8	0.39	2.74	4.18	31.2	38.0	2.9	81.6	3.1	30.3

8.3.4 南开系（Nankai Series）

土　族：黏壤质硅质混合型酸性高热性-普通铝质湿润淋溶土
拟定者：漆智平，王登峰

分布与环境条件　分布于海
南西部的山地丘陵，海拔
250～350 m；砂页岩风化物坡
积物母质，次生林或橡胶林；
热带海洋性气候，年均日照时
数约为 1900～2000 h，年均气
温为 22～24℃，年均降水量为
1900～2000 mm。

南开系典型景观

土系特征与变幅　诊断层为淡薄表层、黏化层；诊断特性包括高热土壤温度状况、湿润
土壤水分状况、铝质现象。土体厚度大于 1 m，黏化层上界出现于 30～35 cm 深度，厚
度 70～80 cm，铝饱和度 65%～70%；剖面土壤砂粒含量为 300～400 g/kg，壤土-黏壤土，
土壤 pH 5.0～5.5。

对比土系　好保系，同一土族，片麻岩风化物母质，细土质地为砂质壤土-黏壤土，黏化
层上界出现于 20～30cm 深度，铝饱和度 75%～80%。加柳坡系，同一土族，玄武岩风
化物母质，细土质地为砂质壤土-黏壤土，黏化层上界出现于 10～20 cm 深度，厚度 1.2～
1.3 m，铝饱和度范围为 75%～85%。祖关系，同一土族，花岗岩风化物母质，细土质地
为砂质壤土-粉砂壤土，黏化层上界出现于 15～20 cm 深度，厚度 1.2～1.3 m，铝饱和度
约 75%。细水系，同一亚类，不同土族，地理位置相近，地形部位相似，颗粒大小级别
为壤质，细土质地为壤土-砂质黏壤土，黏化层上界出现于 60～70 cm 深度，铝饱和度
75%～85%。

利用性能综述　土体发育较好，表层土壤有机质含量较高，但土壤氮磷钾养分元素含量
偏低。在开发过程中，应注重增施化肥，提高土壤肥力，并注重施用有机肥，提高保肥
能力。

参比土种　页赤红土。

代表性单个土体　位于海南省白沙县南开镇，19°04′27.1″N，109°24′28.4″E，海拔 314 m，
丘陵山地坡脚地带，砂页岩风化物坡积物母质，次生林地。50 cm 深土壤温度为 26.6℃。
野外调查时间为 2010 年 11 月 23 日，编号为 46-024。

Ah：　0～20 cm，灰棕色（5YR6/2，干），灰棕色（5YR5/2，润），黏壤土，稍坚实，小块状结构，中量中根，向下平滑渐变过渡。

AB：　20～35 cm，淡棕灰色（5YR7/2，干），灰棕色（5YR6/2，润），壤土，稍坚实，块状结构，少量中根，向下平滑渐变过渡。

Bt：　35～115 cm，灰棕色（5YR6/2，干），浊橙色（5YR6/3，润），黏壤土，坚实，块状结构，极少极细根，少量角状半风化体，向下波状模糊过渡。

BC：　115～167 cm，浊橙色（5YR6/3，干），浊橙色（5YR6/4，润），黏壤土，坚实，块状结构，无根系分布，中量角状半风化体。

南开系代表性单个土体剖面

南开系代表性单个土体土壤物理性质

| 土层 | 深度 /cm | 砾石 (>2mm，体积分数)/% | 细土颗粒组成 (粒径：mm)/(g/kg) | | | 质地 | 容重 /(g/cm³) |
			砂粒 2～0.05	粉粒 0.05～0.002	黏粒 <0.002		
Ah	0～20	0	383	335	282	黏壤土	1.27
AB	20～35	0	342	393	265	壤土	1.45
Bt	35～115	10	320	348	332	黏壤土	1.47
BC	115～167	20	361	352	287	黏壤土	—

南开系代表性单个土体土壤化学性质

| 深度 /cm | pH | | 有机碳 /(g/kg) | 全氮(N) /(g/kg) | 全磷(P) /(g/kg) | 全钾(K) /(g/kg) | CEC$_7$ | ECEC | 盐基饱和度/% | 铝饱和度/% | 游离氧化铁 /(g/kg) | 铁游离度/% |
	H₂O	KCl					[cmol(+)/kg 黏粒]					
0～20	5.3	4.2	27.7	1.43	0.38	16.56	62.98	73.45	5.99	66.9	34.30	48.42
20～35	5.1	4.0	15.6	1.43	0.40	15.71	36.44	49.66	7.59	77.0	64.97	81.68
35～115	5.5	4.3	10.0	0.74	0.22	21.53	57.50	66.27	4.89	67.8	75.34	82.74
115～167	5.3	4.3	6.7	0.54	0.19	21.12	68.80	76.17	6.69	56.0	66.15	74.46

8.3.5 祖关系（Zuguan Series）

土　族：黏壤质硅质混合型酸性高热性-普通铝质湿润淋溶土
拟定者：漆智平，王登峰

分布与环境条件 分布于海南东南部山地丘陵地区，海拔 50～90 m；花岗岩风化物坡积物母质，旱地和园地，植被覆盖度 70%以上；热带海洋性气候，年均日照时数为 2000～2200 h，年均气温为 24～25℃，年均降水量为 1700～1900 mm。

祖关系典型景观

土系特征与变幅 诊断层为淡薄表层、黏化层；诊断特性包括高热土壤温度状况、湿润土壤水分状况、铝质现象。土体厚度超过 1.3 m，黏化层上界出现于 15～20 cm 深度，厚度 1.2～1.3 m，铝饱和度约 75%；黏粒含量为 150～250 g/kg，砂质壤土-粉砂壤土，pH 4.5～5.0。

对比土系 好保系，同一土族，片麻岩风化物母质，细土质地为砂质壤土-黏壤土，黏化层上界出现于 20～30 cm 深度，厚度为 70～80 cm。加柳坡系，同一土族，玄武岩风化物母质，细土质地为砂质壤土-黏壤土，黏化层铝饱和度 75%～85%。南开系，玄武岩风化物母质，同一土族，细土质地为壤土-黏壤土，黏化层上界出现于 30～35cm 深度，铝饱和度 65%～70%。

利用性能综述 分布地形也较为平缓，土体发育良好，表层为砂质壤土，可耕性好，易于开发利用，但土壤养分缺乏且土壤偏酸。应注意平衡施肥，提高土壤养分，同时注意施用适量石灰，提高土壤 pH。

参比土种 灰麻赤土。

代表性单个土体 位于海南省陵水县祖关镇祖设村，18°36′58.4″N，109°54′23.6″E，海拔 64 m，花岗岩风化物坡积物母质，菠萝或番薯旱地。50 cm 深土壤温度为 27.2℃。野外调查时间为 2010 年 12 月 2 日，编号为 46-037。

祖关系代表性单个土体剖面

Ap: 0~16 cm, 灰红色（2.5YR6/2，干），浊橙色（2.5YR6/3，润），砂质壤土，块状结构，疏松，中量细根，极少量次圆石英颗粒，向下平滑清晰过渡。

Bt1: 16~54 cm, 浊橙色（2.5YR6/4，干），浊棕红色（2.5YR5/4，润），壤土，块状结构，坚实，少量细根，少量次圆石英颗粒，向下平滑清晰过渡。

Bt2: 54~95 cm, 橙色（2.5YR6/4，干），亮红棕色（2.5YR5/6，润），壤土，块状结构，稍坚实，无根系分布，少量角状石英颗粒，向下平滑清晰过渡。

Bt3: 95~135 cm, 亮红棕色（2.5YR5/8，干），红棕色（2.5YR4/8，润），粉砂壤土，块状结构，较坚实，少量角状石英颗粒。

祖关系代表性单个土体土壤物理性质

土层	深度/cm	砾石(>2mm, 体积分数)/%	细土颗粒组成 (粒径: mm)/(g/kg)			质地	容重/(g/cm³)
			砂粒 2~0.05	粉粒 0.05~0.002	黏粒 <0.002		
Ap	0~16	2	631	201	168	砂质壤土	1.29
Bt1	16~54	5	414	376	210	壤土	1.42
Bt2	54~95	5	308	466	226	壤土	1.37
Bt3	95~135	5	210	543	247	粉砂壤土	1.51

祖关系代表性单个土体土壤化学性质

深度/cm	pH H₂O	pH KCl	有机碳/(g/kg)	全氮(N)/(g/kg)	全磷(P)/(g/kg)	全钾(K)/(g/kg)	CEC₇	ECEC	盐基饱和度/%	铝饱和度/%	游离氧化铁/(g/kg)	铁游离度/%
							[cmol(+)/kg 黏粒]					
0~16	4.6	3.4	20.2	0.83	4.05	4.77	38.0	47.7	7.4	70.0	19.5	61.0
16~54	4.8	3.5	10.1	0.39	1.45	9.19	81.0	89.5	2.4	75.2	39.1	49.7
54~95	4.8	3.8	7.2	0.27	1.48	7.05	115.5	123.8	2.3	68.9	33.2	42.3
95~135	4.9	3.8	6.6	0.16	1.74	7.10	102.7	110.9	3.4	64.2	44.7	47.9

8.3.6　晨新系（Chenxin Series）

土　族：黏壤质硅质混合型非酸性高热性-普通铝质湿润淋溶土
拟定者：漆智平，王登峰

分布与环境条件　分布于海南中部山区坡地，海拔 100～180 m；花岗岩残积物母质，土地利用为旱地，种植木薯；热带海洋性气候，年均日照时数为 1900～2100 h，年均气温为 23～24℃，年均降水量为 1900～2100 mm。

晨新系典型景观

土系特征与变幅　诊断层为淡薄表层、黏化层；诊断特性为高热土壤温度状况、湿润土壤水分状况、铝质现象。土体厚度大于 0.9 m，黏化层上界出现于 20 cm 左右深度，厚度 70～75 cm，砂粒含量为 350～500 g/kg，Bt1 层为壤土，Bt2 层为黏土，土壤 pH 4.9～5.6，铝饱和度 80%～90%；细土质地为砂质黏壤土-黏土，铁游离度 30%～60%。

对比土系　南坤系，同一土族，黏化层上界出现于 50 cm 左右深度，厚度 60～70 cm，细土质地为壤土-黏壤土。

利用性能综述　土体深厚，主要为壤质，耕性较好，适宜发展热带果树和经济林木，但土壤养分缺乏，需培肥地力；地形坡度较大，做好水土保持。

参比土种　灰麻赤红土。

代表性单个土体　位于海南省屯昌县晨新农场，19°27′20.4″N，110°01′36.7″E，海拔 129 m，花岗岩残积物母质，旱地，种植木薯。50 cm 深土壤温度为 26.5℃。野外调查时间为 2009 年 11 月 26 日，编号为 46-059。

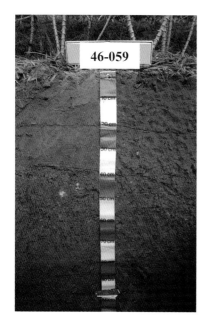

Ah： 0～21 cm，灰棕色（5YR5/2，干），灰棕色（5YR4/2，润），砂质黏壤土，小块状结构，疏松，中量中细根，向下平滑渐变过渡。

Bt1： 21～39 cm，棕灰色（5YR5/1，干），灰棕色（5YR4/2，润），壤土，块状结构，疏松，少量中根，向下平滑渐变过渡。

Bt2： 39～92 cm，橙色（2.5YR6/6，干），亮红棕色（2.5YR5/8，润），黏土，块状结构，坚实，无根系分布，大量铁锰斑纹，极少量花岗岩碎屑。

晨新系代表性单个土体剖面

晨新系代表性单个土体土壤物理性质

土层	深度/cm	砾石(>2mm，体积分数)/%	细土颗粒组成（粒径：mm）/(g/kg)			质地	容重/(g/cm³)
			砂粒 2～0.05	粉粒 0.05～0.002	黏粒 <0.002		
Ah	0～21	0	580	209	211	砂质黏壤土	1.49
Bt1	21～39	0	472	277	251	壤土	1.54
Bt2	39～92	2	364	217	419	黏土	1.62

晨新系代表性单个土体土壤化学性质

深度/cm	pH		有机碳/(g/kg)	全氮(N)/(g/kg)	全磷(P)/(g/kg)	全钾(K)/(g/kg)	CEC7	ECEC	盐基饱和度/%	铝饱和度/%	游离氧化铁/(g/kg)	铁游离度/%
	H₂O	KCl					[cmol(+)/kg 黏粒]					
0～21	5.2	4.0	22.2	0.69	0.11	4.34	33.2	50.9	3.3	87.8	9.7	29.1
21～39	4.9	4.0	13.8	0.50	0.18	6.15	45.2	56.5	2.4	82.8	12.9	30.5
39～92	5.6	4.3	10.0	0.41	1.54	0.88	52.2	63.1	2.1	86.2	68.5	60.1

8.3.7 南坤系（Nankun Series）

土　族：黏壤质硅质混合型非酸性高热性-普通铝质湿润淋溶土
拟定者：漆智平，王登峰

分布与环境条件　分布于海南中部山地坡脚缓坡地带，海拔 100～150 m；花岗岩风化物残积物母质，旱地或园地，种植菠萝等；热带海洋性气候，年均日照时数为 1700～1800 h，年均气温为 23～24℃，年均降水量为 2000～2200 mm。

南坤系典型景观

土系特征与变幅　诊断层为淡薄表层、黏化层；诊断特性包括高热土壤温度状况、湿润土壤水分状况、铝质现象。土体厚度大于 1 m，黏化层上界出现于 50 cm 左右深度，厚度 60～70 cm，铝饱和度约 80%，砂粒含量约为 200 g/kg，黏粒含量为 300～350 g/kg，黏壤土；pH 5.0～6.0。

对比土系　晨新系，同一土族，黏化层上界出现于 20 cm 左右深度，厚度 70～75 cm，细土质地为砂质黏壤土-黏土。

利用性能综述　土体深厚，表层发育较好，耕性好，植被生长好，覆盖度高，但地形为缓坡，故应多加保护，防止水土流失。

参比土种　麻赤红土。

代表性单个土体　位于海南省屯昌县南坤镇黄岭村，19°19′46.2″N，110°04′07.2″E，海拔 122 m，低丘缓坡，花岗岩风化物残积物母质，旱地，种植菠萝。50 cm 深土壤温度为 26.6℃。野外调查时间为 2010 年 11 月 29 日，编号为 46-058。

Ap：0～23 cm，橙色（5YR6/6，干），亮红棕色（5YR5/8，润），壤土，块状结构，疏松，多量细根，极少量角状花岗岩，向下不规则渐变过渡。

Bw：23～50 cm，浊橙色（5YR6/4，干），橙色（5YR6/6，润），砂质黏壤土，块状结构，稍坚实，少量中根，极少量次圆石英颗粒，向下平滑清晰过渡。

Bt：50～112 cm，橙色（5YR6/6，干），亮红棕色（5YR5/8，润），黏壤土，块状结构，稍坚实，无根系分布，极少量次圆石英颗粒。

南坤系代表性单个土体剖面

南坤系代表性单个土体土壤物理性质

土层	深度/cm	砾石（>2mm，体积分数)/%	细土颗粒组成（粒径：mm)/(g/kg)			质地	容重/(g/cm³)
			砂粒 2～0.05	粉粒 0.05～0.002	黏粒 <0.002		
Ap	0～23	2	433	314	253	壤土	1.09
Bw	23～50	2	528	263	209	砂质黏壤土	1.62
Bt	50～112	2	211	452	337	黏壤土	1.64

南坤系代表性单个土体土壤化学性质

深度/cm	pH H₂O	pH KCl	有机碳/(g/kg)	全氮(N)/(g/kg)	全磷(P)/(g/kg)	全钾(K)/(g/kg)	CEC₇ /[cmol(+)/kg 黏粒]	ECEC /[cmol(+)/kg 黏粒]	盐基饱和度/%	铝饱和度/%	游离氧化铁/(g/kg)	铁游离度/%
0～23	5.4	4.4	11.7	0.45	0.22	8.51	48.8	62.6	4.5	81.9	17.0	28.2
23～50	5.4	4.3	14.0	0.61	0.38	8.21	45.2	58.7	5.6	80.1	13.8	28.4
50～112	5.7	4.4	8.7	0.35	0.04	4.67	70.3	83.7	2.3	85.5	55.9	54.0

8.4　铝质酸性湿润淋溶土

8.4.1　彩云系（Caiyun Series）

土　族：砂质硅质混合型高热性–铝质酸性湿润淋溶土
拟定者：漆智平，王登峰

分布与环境条件　分布于海南北部南渡江阶地，地势平缓，海拔40～60 m；河流冲积物母质，橡胶林或次生林地；热带海洋性气候，年均日照时数为 1900～2000 h，年均气温为 23～24℃，年均降水量为 1800～2000 mm。

彩云系典型景观

土系特征与变幅　诊断层为淡薄表层、黏化层；诊断特性包括高热土壤温度状况、湿润土壤水分状况、铝质现象。土体厚度大于 1.1 m，黏化层上界出现于 15～20 cm，厚度 35～40 cm，pH 4.5～5.0，铝饱和度 80%～85%；剖面土体砂粒含量为 650～950 g/kg，砂土-砂质壤土，pH 4.5～5.5。

对比土系　大位系，同一土族，浅海沉积物母质，黏化层上界出现于 15～20 cm 深度，厚度大于 1 m，细土质地为砂质壤土-壤土。东江系，同一土族，玄武岩风化物母质，黏化层上界出现于 50～60 cm 深度，厚度约 0.8 m，细土质地为砂质壤土。高峰系，同一土族，安山岩风化物母质，黏化层上界出现于 35～45 cm 深度，厚度 50～60 cm，铝饱和度 20%～65%。

利用性能综述　土体深厚，表层土壤发育良好，耕性好，分布地区灌溉条件优越，但土壤有机质和土壤养分元素较缺乏，土壤酸性较强。在利用上应注重施用有机肥，培肥地力，适量添加石灰，提高土壤 pH。

参比土种　灰潮沙泥土。

代表性单个土体　位于海南省澄迈县永发镇彩云村，19°41′00.1″，110°04′17.7″，海拔 42 m，丘陵坡脚，河流冲积物母质，橡胶林或次生林地。50 cm 深土壤温度为 26.4℃。野外调查时间为 2010 年 11 月 29 日，编号为 46-044。

彩云系代表性单个土体剖面

Ah： 0～17 cm，淡红灰色（10R7/1，干），红灰色（10R6/1，润），壤质砂土，小块状结构，疏松，中量中细根，向下平滑清晰过渡。

Bt： 17～60 cm，红灰色（10R6/1，干），红灰色（10R5/1，润），砂质壤土，块状结构，较坚实，少量细根，中量明显小铁斑纹，向下平滑清晰过渡。

Bw： 60～89 cm，红灰色（10R5/1，干），暗红灰色（10R4/1，润），壤质砂土，块状结构，较坚实，无根系分布，向下平滑清晰过渡。

Br： 89～112 cm，浊棕色（7.5Y6/3，干），亮棕色（7.5YR5/6，润），砂土，块状结构，松散，多量明显铁斑纹，向下波状清晰过渡。

C： 112～142 cm，灰白色（5Y8/1，干），灰色（5Y6/1，润），砂土，松散无结构。

彩云系代表性单个土体土壤物理性质

| 土层 | 深度/cm | 砾石（>2mm，体积分数）/% | 细土颗粒组成（粒径：mm）/(g/kg) | | | 质地 | 容重/(g/cm³) |
			砂粒 2～0.05	粉粒 0.05～0.002	黏粒 <0.002		
Ah	0～17	0	799	192	9	壤质砂土	1.46
Bt	17～60	0	658	293	49	砂质壤土	1.65
Bw	60～89	0	819	168	13	壤质砂土	1.70
Br	89～112	0	890	101	9	砂土	1.68
C	112～142	0	936	58	6	砂土	—

彩云系代表性单个土体土壤化学性质

| 深度/cm | pH | | 有机碳/(g/kg) | 全氮(N)/(g/kg) | 全磷(P)/(g/kg) | 全钾(K)/(g/kg) | CEC₇ | ECEC | 盐基饱和度/% | 铝饱和度/% | 游离氧化铁/(g/kg) | 铁游离度/% |
	H₂O	KCl					[cmol(+)/kg 黏粒]					
0～17	4.9	3.8	5.9	0.24	1.02	1.85	67.3	89.5	46.6	35.4	0.8	20.7
17～60	4.7	3.7	3.4	0.21	0.49	3.66	34.5	72.1	13.7	82.1	4.1	65.4
60～89	5.1	4.0	2.1	0.11	0.56	2.29	33.7	80.4	45.5	68.6	1.9	57.1
89～112	5.0	3.8	1.8	1.15	0.46	2.55	190.6	231.4	12.5	53.6	9.5	53.2
112～142	5.4	4.2	1.6	0.06	0.03	3.09	73.3	93.6	74.4	24.0	0.2	3.6

8.4.2 大位系（Dawei Series）

土　族：砂质硅质混合型高热性-铝质酸性湿润淋溶土
拟定者：漆智平，王登峰

分布与环境条件　分布于海
南东北部缓坡坡脚，地势低
平，海拔低于 60 m；浅海沉
积物母质，次生林地；热带
海洋性气候，年均日照时数
为 1800～1900 h，年均气温
为 23～24℃，年均降水量为
2100～2200 mm。

大位系典型景观

土系特征与变幅　诊断层包括淡薄表层、黏化层；诊断特性包括高热土壤温度状况、湿
润土壤水分状况、铝质现象。土体厚度超过 1.3 m，黏化层上界出现于 15～20 cm 深度，
厚度 1 m 以上，pH 5.0～5.5，铝饱和度 80%～85%，黏粒含量为 100～120 g/kg，砂质壤
土-壤土；剖面土体黏粒含量低于 200 g/kg，壤质砂土-壤土，pH 5.0～5.5。

对比土系　彩云系，同一土族，河流冲积物母质，黏化层上界出现于 15～20 cm 深度，
厚度 35～40 cm，细土质地为砂土-砂质壤土。东江系，同一土族，玄武岩风化物母质，
黏化层上界出现于 50～60 cm 深度，厚度约 0.8 m，细土质地为砂质壤土。高峰系，同一
土族，安山岩风化物母质，黏化层上界出现于 35～45 cm 深土层，厚度 50～60 cm，铝
饱和度 20%～65%。

利用性能综述　土体深厚，结构好，生产潜力大，但有机质和全氮中低水平，有效磷和
速效钾含量极低，已开垦为橡胶、甘蔗等种植。应注意培肥土壤，施用石灰改善土壤酸
环境。

参比土种　浅黄赤土。

代表性单个土体　位于海南省文昌市抱罗镇大位村，19°51′39.3″N，110°44′38.0″E，海拔
50 m，缓坡坡脚，浅海沉积物母质，马占相思林地。50 cm 深土壤温度为 26.2℃。野外
调查时间为 2010 年 12 月 4 日，编号为 46-054。

Ah: 0～16 cm，浊棕色（7.5YR5/4，干），棕色（7.5YR4/4，润），壤质砂土，小块状结构，疏松，多量中细根，向下平滑清晰过渡。

Bt1: 16～57 cm，浊棕色（7.5YR6/3，干），亮棕色（7.5YR5/6，润），砂质壤土，块状结构，较坚实，中量中根，向下平滑清晰过渡。

Bt2: 57～133 cm，浊棕色（7.5YR6/3，干），亮棕色（7.5YR5/6，润），壤土，块状结构，坚实，少量细根，极少量圆石英颗粒。

大位系代表性单个土体剖面

大位系代表性单个土体土壤物理性质

土层	深度/cm	砾石(>2mm，体积分数)/%	细土颗粒组成 (粒径：mm)/(g/kg)			质地	容重/(g/cm³)
			砂粒 2～0.05	粉粒 0.05～0.002	黏粒 <0.002		
Ah	0～16	0	826	155	19	壤质砂土	1.45
Bt1	16～57	0	745	119	136	砂质壤土	1.67
Bt2	57～133	2	404	406	190	壤土	1.72

大位系代表性单个土体土壤化学性质

深度/cm	pH H₂O	pH KCl	有机碳/(g/kg)	全氮(N)/(g/kg)	全磷(P)/(g/kg)	全钾(K)/(g/kg)	CEC₇ /[cmol(+)/kg 黏粒]	ECEC /[cmol(+)/kg 黏粒]	盐基饱和度/%	铝饱和度/%	游离氧化铁/(g/kg)	铁游离度/%
0～16	5.3	4.0	7.8	0.25	0.03	0.52	59.5	84.8	15.2	42.8	3.6	68.6
16～57	5.4	4.2	8.2	0.32	0.08	1.49	22.0	37.7	6.0	86.4	9.9	12.6
57～133	5.3	4.1	6.0	0.15	0.11	2.11	37.2	44.5	2.3	80.5	15.0	17.0

8.4.3 东江系（**Dongjiang Series**）

土　　族：砂质硅质混合型高热性-铝质酸性湿润淋溶土
拟定者：漆智平，王登峰

分布与环境条件　分布于
海南北部玄武岩台地，海
拔 80～120 m；玄武岩风
化物残积物母质，旱地，
种植甘蔗、香蕉等；热带
海洋性气候，年均日照时
数为 1700～1900 h，年均
气温为 23～24℃，年均降
水量为 1700～1900 mm。

东江系典型景观

土系特征与变幅　诊断层为淡薄表层、黏化层；诊断特性包括高热土壤温度状况、湿
润土壤水分状况、铝质现象。土体厚度超过 1.2 m，黏化层上界出现于 50～60 cm 深度，
厚度约 0.8 m，铝饱和度 70%～75%，土体基色为亮红棕色(2.5YR)，砂粒含量为 750～
850 g/kg，砂质壤土-壤质砂土；除黏化层外，其余土层砂粒含量约为 850 g/kg，砂土，
pH 4.5～5.5。

对比土系　彩云系，同一土族，河流冲积物母质，黏化层上界出现于 15～20 cm 深度，
厚度 35～40 cm，细土质地为砂土-砂质壤土。大位系，同一土族，浅海沉积物母质，黏
化层上界出现于 15～20 cm 深度，厚度大于 1 m，细土质地为砂质壤土-壤土。高峰系，
同一土族，安山岩风化物母质，黏化层厚度 50～60 cm，铝饱和度 20%～65%。

利用性能综述　土体深厚，且发育较好，耕作层为壤质砂土，耕性好，但土壤保肥保水
能力较差，且土壤有机质含量偏低。应增施土壤有机肥，提高土壤有机质含量，同时应
增施土壤氮钾肥。

参比土种　灰赤土。

代表性单个土体　位于海南省临高县东江乡武老村，19°40′43.9″N，109°44′14.8″E，海拔
94 m，玄武岩台地，玄武岩风化物残积物母质，香蕉旱地。50 cm 深土壤温度为 26.3℃。
野外调查时间为 2010 年 11 月 28 日，编号为 46-035。

Ap: 0~18 cm，浊橙色（2.5YR6/4，干），亮红棕色（2.5YR5/6，润），壤质砂土，小块状结构，疏松，极少量中根，向下平滑清晰过渡。

Bw1: 18~36 cm，浊橙色（2.5YR6/3，干），亮红棕色（2.5YR5/6，润），壤质砂土，块状结构，疏松，极少量中根，向下波状渐变过渡。

Bw2: 36~56 cm，橙色（2.5YR6/6，干），亮红棕色（2.5YR5/8，润），壤质砂土，块状结构，稍坚实，无根系分布，向下平滑清晰过渡。

Bt: 56~123 cm，橙色（2.5YR6/8，干），亮红棕色（2.5YR5/8，润），砂质壤土，块状结构，坚实，极少量次圆半风化物。

东江系代表性单个土体剖面

东江系代表性单个土体土壤物理性质

| 土层 | 深度/cm | 砾石（>2mm，体积分数)/% | 细土颗粒组成 (粒径：mm)/(g/kg) | | | 质地 | 容重/(g/cm³) |
			砂粒 2~0.05	粉粒 0.05~0.002	黏粒 <0.002		
Ap	0~18	0	865	78	57	壤质砂土	1.62
Bw1	18~36	0	866	88	46	壤质砂土	1.84
Bw2	36~56	0	841	97	62	壤质砂土	1.74
Bt	56~123	2	744	145	111	砂质壤土	1.77

东江系代表性单个土体土壤化学性质

| 深度/cm | pH H₂O | pH KCl | 有机碳/(g/kg) | 全氮(N)/(g/kg) | 全磷(P)/(g/kg) | 全钾(K)/(g/kg) | CEC₇ | ECEC | 盐基饱和度/% | 铝饱和度/% | 游离氧化铁/(g/kg) | 铁游离度/% |
							[cmol(+)/kg 黏粒]					
0~18	4.7	3.5	9.76	0.30	2.82	0.86	33.8	51.3	24.7	56.5	8.9	43.3
18~36	5.3	4.1	9.23	0.25	0.28	0.32	36.6	56.5	21.1	58.9	12.5	68.2
36~56	4.9	3.5	5.79	0.09	0.92	0.84	28.9	53.7	15.6	74.3	12.4	24.0
56~123	4.6	3.5	5.71	0.16	0.77	0.94	28.6	43.9	9.1	73.7	20.6	89.8

8.4.4 高峰系（Gaofeng Series）

土　族：砂质硅质混合型高热性-铝质酸性湿润淋溶土
拟定者：漆智平，王登峰

分布与环境条件　分布于海南南部丘陵坡地，海拔 220～300 m；安山岩风化物母质，槟榔或次生林地，植被覆盖度 80%以上；热带海洋性气候，年均日照时数为 1700～1900 h，年均气温为 23～24℃，年均降水量为 1800～2000 mm。

高峰系典型景观

土系特征与变幅　诊断层为淡薄表层、黏化层；诊断特性包括高热土壤温度状况、湿润土壤水分状况、铝质现象。土体厚度 1.2 m 以上，黏化层上界出现于 35～45 cm 深度，厚度 50～60 cm，砂粒含量为 650～700 g/kg，砂质壤土；具有铝质现象土层上界出现于 90～100 cm 深度，铝饱和度 60%～65%；剖面通体为砂质壤土，pH 5.0～5.5。

对比土系　彩云系，同一土族，河流冲积物母质，黏化层上界出现于 15～20 cm 深度，厚度 35～40 cm，铝饱和度 80%～85%，细土质地为砂土-砂质壤土。大位系，同一土族，浅海沉积物母质，黏化层上界出现于 15～20 cm 深度，厚度大于 1 m，铝饱和度 80%～85%，细土质地为砂质壤土-壤土。东江系，同一土族，玄武岩风化物母质，黏化层上界出现于 50～60 cm 深度，厚度约 0.8 m，铝饱和度 70%～75%。天涯系，不同土纲，地理位置相近，花岗岩风化物母质，无黏化层，有铁铝层，为铁铝土。

利用性能综述　土体深厚，砂质壤土，耕性好，但地处平缓坡地，易于发生水土流失，且土壤养分含量偏低。需培肥改土，发展种植业。

参比土种　中安赤土。

代表性单个土体　位于海南省三亚市高峰乡扎南村，18°31′57.1″N，109°28′10.9″E，海拔 249 m，丘陵山地中坡，安山岩风化物母质，槟榔林地。50 cm 深土壤温度为 27.1℃。野外调查时间为 2010 年 12 月 1 日，编号为 46-048。

Ah: 0～14 cm，淡棕灰色（7.5YR7/2，干），浊橙色（7.5YR7/3，润），砂质壤土，小块状结构，疏松，多量细根，少量蚁穴，向下平滑清晰过渡。

AB: 14～37 cm，淡棕灰色（7.5YR7/2，干），浊橙色（7.5YR7/3，润），砂质壤土，块状结构，疏松，少量中细根，少量蚁穴，向下平滑清晰过渡。

Bt1: 37～90 cm，浊橙色（7.5YR7/3，干），浊橙色（7.5YR6/4，润），砂质壤土，块状结构，疏松，少量中根，少量蚁穴，向下平滑清晰过渡。

Bt2: 90～146 cm，浊橙色(7.5YR7/3，干)，浊橙色（7.5YR6/4，润），砂质壤土，块状结构，较坚实，极少量中根。

高峰系代表性单个土体剖面

高峰系代表性单个土体土壤物理性质

土层	深度 /cm	砾石 (>2mm，体积分数)/%	细土颗粒组成 (粒径：mm)/(g/kg)			质地	容重 /(g/cm³)
			砂粒 2～0.05	粉粒 0.05～0.002	黏粒 <0.002		
Ah	0～14	0	687	219	94	砂质壤土	1.29
AB	14～37	0	673	221	106	砂质壤土	1.36
Bt1	37～90	0	656	203	141	砂质壤土	1.56
Bt2	90～146	0	680	189	131	砂质壤土	1.53

高峰系代表性单个土体土壤化学性质

深度 /cm	pH H₂O	pH KCl	有机碳 /(g/kg)	全氮(N) /(g/kg)	全磷(P) /(g/kg)	全钾(K) /(g/kg)	CEC₇ /[cmol(+)/kg 黏粒]	ECEC /[cmol(+)/kg 黏粒]	盐基饱和度/%	铝饱和度/%	游离氧化铁 /(g/kg)	铁游离度/%
0～14	5.1	3.9	17.4	0.86	1.66	29.53	45.9	46.4	40.3	2.7	11.5	42.1
14～37	5.1	3.9	11.8	0.73	1.72	24.14	35.2	37.9	25.3	16.8	12.7	41.3
37～90	5.3	4.1	4.7	0.32	1.37	23.52	41.3	47.2	16.3	20.4	15.5	53.8
90～146	5.3	4.1	5.8	0.24	1.49	22.76	48.0	59.1	10.1	63.5	16.3	46.1

8.5 红色酸性湿润淋溶土

8.5.1 白莲系（**Bailian Series**）

土　族：壤质硅质混合型高热性-红色酸性湿润淋溶土
拟定者：漆智平，王登峰

分布与环境条件　主要分布于海南中北部丘陵山地坡脚，低丘缓坡，海拔 30～80 m；玄武岩风化物母质，人工林或种植甘蔗；热带海洋性气候，年均日照时数为 1800～2000 h，年均气温为 23～25℃，年均降水量为 1900～2100 mm。

白莲系典型景观

土系特征与变幅　诊断层为淡薄表层、黏化层；诊断特性为高热土壤温度状况、湿润土壤水分状况。土体厚度大于 0.8 m，黏化层上界出现于 15 cm 左右深度，厚度 60～70 cm，盐基饱和度 10%～20%；土体基色为红棕色（5YR），砂粒含量 500～600 g/kg，黏粒含量 100～200 g/kg，砂质壤土-壤土，pH 5.0～5.5。

对比土系　大里系，同一亚类，不同土族，花岗岩残积物母质，颗粒大小级别为黏壤质，黏化层上界出现于 60 cm 左右深度，土体基色为红色，pH 4.5～5.0。和庆系，同一亚类，不同土族，花岗岩风化残积物母质，颗粒大小级别为黏壤质，黏化层上界出现于 20～30 cm 深度，土体基色为红棕色（2.5YR），细土质地为砂质黏壤土-黏壤土。

利用性能综述　土体深厚，地表有略起伏，易导致土壤侵蚀。有机碳和全氮含量中等，有效磷和速效钾低。利用时以人工林或甘蔗为主，搞好水土保持，培肥地力，应注意磷钾肥的施用。

参比土种　灰赤沙泥。

代表性单个土体　位于海南省澄迈县白莲镇谭颜村，19°55′51.9″N，110°07′20.6″E，海拔 33 m，低丘缓坡，玄武岩风化物母质，人工林。50 cm 深土壤温度为 26.2℃。野外调查时间为 2009 年 11 月 26 日，编号为 46-041。

Ah: 0～15 cm，浊红棕色（5YR5/4，干），红棕色（5YR4/6，润），砂质壤土，块状结构，疏松，中量粗根，向下平滑清晰过渡。

Bt1: 15～41 cm，亮红棕色（5YR5/6，干），红棕色（5YR4/6，润），壤土，块状结构，坚实，少量中根，向下平滑清晰过渡。

Bt2: 41～81 cm，亮红棕色（5YR5/6，干），红棕色（5YR4/6，润），壤土，块状结构，坚实，极少量细根，向下平滑清晰过渡。

BC: 81～125 cm，浊橙色（5YR6/4，干），红棕色（5YR4/8，润），砂质壤土，块状结构，坚实，少量半风化母质。

白莲系代表性单个土体剖面

白莲系代表性单个土体土壤物理性质

土层	深度 /cm	砾石 (>2mm，体积分数)/%	细土颗粒组成 (粒径: mm)/(g/kg)			质地	容重 /(g/cm³)
			砂粒 2～0.05	粉粒 0.05～0.002	黏粒 <0.002		
Ah	0～15	0	598	318	84	砂质壤土	1.50
Bt1	15～41	0	490	372	138	壤土	1.44
Bt2	41～81	0	488	350	162	壤土	1.56
BC	81～125	10	551	331	118	砂质壤土	—

白莲系代表性单个土体土壤化学性质

深度 /cm	pH		有机碳 /(g/kg)	全氮(N) /(g/kg)	全磷(P) /(g/kg)	全钾(K) /(g/kg)	CEC₇	ECEC	盐基饱和度/%	铝饱和度/%	游离氧化铁 /(g/kg)	铁游离度 /%
	H₂O	KCl					/[cmol(+)/kg 黏粒]					
0～15	5.3	4.1	18.7	0.59	0.42	4.78	87.5	99.9	16.9	35.7	25.3	43.4
15～41	5.4	4.2	11.0	0.52	0.49	5.02	103.9	108.1	14.6	19.2	16.3	28.4
41～81	5.2	4.0	9.7	0.30	0.67	5.07	99.0	100.8	16.6	8.9	39.7	46.7
81～125	5.3	4.1	8.2	0.31	0.57	3.71	148.4	164.8	12.2	37.8	18.3	33.1

8.5.2 大里系（Dali Series）

土　族：黏壤质硅质混合型高热性-红色酸性湿润淋溶土
拟定者：漆智平，王登峰

分布与环境条件　分布于海南东南部山地丘陵岗地，海拔 70～120 m；花岗岩残积物母质，林地；热带海洋性气候，年均日照时数为 1900～2000 h，年均气温为 25～26℃，年均降水量为 1800～1900 mm。

大里系典型景观

土系特征与变幅　诊断层为淡薄表层、黏化层；诊断特性包括高热土壤温度状况、湿润土壤水分状况。土体厚度大于 1.5 m，黏化层上界出现于 60 cm 左右深度，厚度 90～100 cm，pH 4.5～5.0，土体基色为红色，盐基饱和度低于 5%，铁游离度 50%～55%；黏粒含量为 200～300 g/kg，细土质地为砂质黏壤土-黏壤土，pH 4.5～5.0。

对比土系　和庆系，同一土族，花岗岩风化残积物母质，黏化层上界出现于 20～30 cm 深度，土体基色为红棕色（2.5YR）。白莲系，同一亚类，不同土族，玄武岩风化物母质，颗粒大小级别为壤质，黏化层上界出现于 15 cm 左右深度，土体基色为红棕色（5YR），pH 5.0～5.5。上溪系，不同土类，地形部位相似，砂页岩风化物坡积物母质，土体为橙色（5YR～7.5YR），有铝质现象，属黄色铝质湿润淋溶土。

利用性能综述　土体深厚，但发育一般，表层土壤较薄，且土壤偏酸，易于发生土壤流失。应适量施用石灰，改善土壤酸性，同时施用土壤氮磷钾肥，提高土壤养分含量；在林地设置横沟，防止水土流失。

参比土种　麻黄赤土。

代表性单个土体　位于海南省陵水县本号镇大里村，18°39′17.5″N，109°57′16.9″E，海拔88 m，丘陵岗地边缘，花岗岩残积物母质，槟榔林地。50 cm 深土壤温度为 27.1℃。野外调查时间为 2010 年 12 月 2 日，编号为 46-036。

Ah：0～16 cm，灰棕色（7.5YR5/2，干），灰棕色（7.5YR4/2，润），砂质黏壤土，小块状结构，疏松，中量中根，极少量次圆石块，向下不规则渐变过渡。

Bw：16～60 cm，橙色（2.5YR7/8，干），亮红棕色（2.5YR5/8，润），壤土，块状结构，疏松，中量中根，少量次圆石英颗粒，向下平滑清晰过渡。

Bt1：60～105 cm，橙色（2.5YR6/6，干），橙色（2.5YR6/8，润），黏壤土，块状结构，较坚实，中量中细根，极少量次圆石英颗粒，向下平滑清晰过渡。

Bt2：105～160 cm，橙色（2.5YR6/6，干），橙色（2.5YR6/8，润），黏壤土，块状结构，较坚实，极少量扁平状花岗岩风化物。

大里系代表性单个土体剖面

大里系代表性单个土体土壤物理性质

土层	深度/cm	砾石(>2mm，体积分数)/%	细土颗粒组成 (粒径：mm)/(g/kg)			质地	容重/(g/cm³)
			砂粒2～0.05	粉粒0.05～0.002	黏粒<0.002		
Ah	0～16	2	525	264	211	砂质黏壤土	1.41
Bw	16～60	5	419	358	223	壤土	1.53
Bt1	60～105	2	353	373	274	黏壤土	1.50
Bt2	105～160	2	275	445	280	黏壤土	1.56

大里系代表性单个土体土壤化学性质

深度/cm	pH		有机碳/(g/kg)	全氮(N)/(g/kg)	全磷(P)/(g/kg)	全钾(K)/(g/kg)	CEC_7	ECEC	盐基饱和度/%	铝饱和度/%	游离氧化铁/(g/kg)	铁游离度/%
	H_2O	KCl					[cmol(+)/kg 黏粒]					
0～16	4.7	3.6	29.1	1.43	5.87	11.33	49.7	51.7	17.3	16.9	32.0	95.1
16～60	5.0	3.8	14.8	0.42	3.34	7.45	90.5	91.5	6.2	13.8	49.9	54.7
60～105	4.6	3.6	11.2	0.42	3.18	5.28	98.0	99.8	3.5	33.1	56.2	52.6
105～160	4.8	3.7	12.0	0.48	3.14	5.71	120.4	121.8	4.1	21.9	60.9	52.1

8.5.3 和庆系（Heqing Series）

土　族：黏壤质硅质混合型高热性-红色酸性湿润淋溶土
拟定者：漆智平，杨　帆，王登峰

分布与环境条件　分布于海南儋州东部、东南及西南部丘陵低山地区，海拔 100～150 m；花岗岩风化物母质，植被以橡胶、甘蔗、人工林为主；热带海洋性气候，年均日照时数为 2000～2300h，年均气温为 23.8℃，年均降水量为 1800 mm。

和庆系典型景观

土系特征与变幅　诊断层为淡薄表层、黏化层；诊断特性包括高热土壤温度状况、湿润土壤水分状况。土体厚度大于 1.2 m，黏化层上界出现于 20～30 cm 深度，厚度约为 1 m，土体基色为红棕色（2.5YR），块状结构，盐基饱和度 15%～25%，pH 5.0～5.2；淡薄表层可见少量石英粒，细土质地为砂质黏壤土-黏壤土，游离铁含量 8～35 g/kg，铁游离度 45%～60%，pH 4.5～5.5。

对比土系　大里系，同一土族，花岗岩残积物母质，黏化层上界出现于 60 cm 左右深度，厚度 90～100 cm，土体基色为红色。白莲系，同一亚类，不同土族，玄武岩风化物母质，颗粒大小级别为壤质，黏化层上界出现于 15 cm 左右深度，厚度 60～70 cm，土体基色为红棕色（5YR），细土质地为砂质壤土-壤土。

利用性能综述　土体深厚，结构好，生产潜力大，但有机质缺乏，全氮、有效磷和速效钾极低。应改善强酸环境，在培肥基础上发展橡胶、甘蔗及热带水果生产，坡度较大宜发展林木生产，增加覆盖，减少水土流失。

参比土种　麻赤土。

代表性单个土体　位于海南省儋州市和庆镇巴总村，19°34′49.5″N，109°41′36.3″E，海拔 114 m，花岗岩低丘底部，花岗岩风化物母质，橡胶林荒草地。50cm 深度土温为 26.4℃。野外调查时间为 2009 年 11 月 30 日，编号为 46-016。

Ah： 0～24 cm，淡红灰色（2.5YR7/2，干），灰红色（2.5YR6/2，润），砂质黏壤土，小块状结构，疏松，中量细根，极少量石英粒，向下平滑清晰过渡。

Bt1： 24～69 cm，浊橙色（2.5YR6/4，干），红棕色（2.5YR4/6，润），砂质黏壤土，块状结构，稍坚实，很少极细根，向下平滑清晰过渡。

Bt2： 69～120 cm，浊红橙色（2.5YR5/4，干），浊红棕色（2.5YR4/4，润），黏壤土，块状结构，稍坚实，无根系分布，少量碎屑半风化物和石英粒。

和庆系代表性单个土体剖面

和庆系代表性单个土体土壤物理性质

土层	深度/cm	砾石(>2mm，体积分数)/%	细土颗粒组成 (粒径：mm)/(g/kg)			质地	容重/(g/cm³)
			砂粒 2～0.05	粉粒 0.05～0.002	黏粒 <0.002		
Ah	0～24	2	639	137	224	砂质黏壤土	1.72
Bt1	24～69	0	451	259	290	砂质黏壤土	1.67
Bt2	69～120	5	380	321	299	黏壤土	1.60

和庆系代表性单个土体土壤化学性质

深度/cm	pH H₂O	pH KCl	有机碳/(g/kg)	全氮(N)/(g/kg)	全磷(P)/(g/kg)	全钾(K)/(g/kg)	CEC₇ /[cmol(+)/kg 黏粒]	ECEC /[cmol(+)/kg 黏粒]	盐基饱和度/%	铝饱和度/%	游离氧化铁/(g/kg)	铁游离度/%
0～24	4.8	4.2	7.2	0.36	0.97	13.9	16.6	12.7	28.5	6.2	8.2	47.7
24～69	5.0	4.6	7.9	0.25	0.87	11.1	40.4	11.4	21.5	4.7	22.8	52.0
69～120	5.2	3.8	6.5	0.36	1.03	19.1	60.6	12.2	16.0	4.3	31.0	54.1

8.6 铁质酸性湿润淋溶土

8.6.1 海英系（Haiying Series）

土　族：砂质硅质混合型高热性-铁质酸性湿润淋溶土
拟定者：漆智平，王登峰

分布与环境条件　分布于海南南部海积平原区，海拔低于 20 m；浅海沉积物母质，旱地，种植豇豆、瓜菜等蔬菜；热带海洋性气候，年均日照时数为 2000～2100 h，年均气温为 26～27 ℃，年均降水量为 1600～1700 mm。

海英系典型景观

土系特征与变幅　诊断层为淡薄表层、黏化层；诊断特性包括高热土壤温度状况、湿润土壤水分状况、铁质特性。土体厚度大于 1.2 m，黏化层上界出现于 20～30 cm 深度，厚度 100～110 cm，黏粒含量低于 200 g/kg，砂质壤土-壤土，铁游离度 30%～45%；细土质地为砂质壤土-壤土，pH 4.5～5.5。

对比土系　大茅系，同一亚类，不同土族，地理位置相近，砂页岩风化物母质，颗粒大小级别为壤质，黏化层上界出现于 20～30 cm 深度，厚度 15～20 cm，黏化层质地为壤土，铁游离度 70%～75%。

利用性能综述　土体深厚，耕作层发育良好，耕性较好，但土壤有机质和土壤养分元素含量较低。在种植过程中应增施有机肥，培肥地力，注重施用氮磷钾肥。

参比土种　灰浅海赤土。

代表性单个土体　位于海南省三亚市崖城镇海英队，18°21′12.4″N，109°10′38.2″E，海拔 12 m，海积平原，浅海沉积物母质，旱地，种植蔬菜。50 cm 深土壤温度为 27.4℃。野外调查时间为 2010 年 12 月 2 日，编号为 46-050。

Ap： 0~20 cm，橙白色（5YR8/1，干），淡棕灰色（5YR7/1，润），砂质壤土，块状结构，疏松，中量细根，少量连续接近垂直地面中等宽度、中等长度的裂缝，向下平滑清晰过渡。

Bt1： 20~34 cm，淡棕灰色（5YR7/1，干），淡棕灰色（7.5YR7/1，润），砂质壤土，块状结构，稍坚实，多量极细根，极少量次圆石英颗粒，极少量连续接近垂直地面细中等长度的裂缝，向下波状渐变过渡。

Bt2： 34~127 cm，浊棕色（7.5YR6/3，干），浊棕色（7.5YR5/4，润），壤土，块状结构，坚实，少量次圆石英颗粒。

海英系代表性单个土体剖面

海英系代表性单个土体土壤物理性质

土层	深度 /cm	砾石 (>2mm，体积分数)/%	细土颗粒组成 (粒径：mm)/(g/kg)			质地	容重 /(g/cm³)
			砂粒 2~0.05	粉粒 0.05~0.002	黏粒 <0.002		
Ap	0~20	0	719	222	59	砂质壤土	1.61
Bt1	20~34	2	714	166	120	砂质壤土	1.69
Bt2	34~127	5	528	274	198	壤土	1.61

海英系代表性单个土体土壤化学性质

深度 /cm	pH H₂O	pH KCl	有机碳 /(g/kg)	全氮(N) /(g/kg)	全磷(P) /(g/kg)	全钾(K) /(g/kg)	CEC₇ /[cmol(+)/kg 黏粒]	ECEC /[cmol(+)/kg 黏粒]	盐基饱和度/%	铝饱和度/%	游离氧化铁 /(g/kg)	铁游离度/%
0~20	5.3	4.1	9.5	0.52	1.37	20.96	48.0	48.8	32.2	5.1	5.4	78.7
20~34	5.3	4.0	4.3	0.32	1.18	19.36	23.6	23.7	28.9	2.3	8.8	42.9
34~127	4.6	3.8	5.9	0.39	1.47	15.61	57.3	57.4	10.7	2.5	21.4	31.7

8.6.2 大茅系（Damao Series）

土　族：壤质硅质混合型高热性-铁质酸性湿润淋溶土
拟定者：漆智平，王登峰

分布与环境条件　分布于海南南部丘陵地带，海拔 80～120 m；砂页岩风化物坡积物母质，灌木或次生林地，植被覆盖度 80%以上；热带海洋性气候，年均日照时数为 1900～2000 h，年均气温为 26～27℃，年均降水量为 1500～1600 mm。

大茅系典型景观

土系特征与变幅　诊断层包括淡薄表层、黏化层；诊断特性包括高热土壤温度状况、湿润土壤水分状况、铁质特性。土体厚度大于 1.2 m，黏化层上界出现于 20～30 cm 深度，厚度 15～25 cm，砂粒含量为 450～500 g/kg，黏粒含量约为 200 g/kg，壤土，pH 5.0 左右，盐基饱和度 15%～20%，游离氧化铁约为 30 g/kg，铁游离度 70%～75%；细土质地为砂质壤土-壤土，pH 5.0～5.5。

对比土系　海英系，同一亚类，不同土族，地理位置相近，浅海沉积物母质，颗粒大小级别为砂质，黏化层上界出现于 20～30 cm 深度，厚度 100～110 cm，黏化层质地为砂质壤土-壤土，铁游离度 30%～45%。

利用性能综述　土体发育较弱，浅薄表层土壤有机质含量较高，但土壤氮磷钾含量较低。在利用时应改善土壤酸性环境，在培肥基础上发展热带水果生产，坡度较大地区则发展林木，增加地表覆盖，减少水土流失。

参比土种　中页赤土。

代表性单个土体　位于海南省三亚市田独镇大茅洞，18°22′32.6″N，109°36′17.9″E，海拔 91m，丘陵坡脚，砂页岩风化物坡积物母质，灌木林地。50 cm 深土壤温度为 27.3℃。野外调查时间为 2010 年 12 月 1 日，编号为 46-046。

Ah： 0～22 cm，棕灰色（5YR5/1，干），棕灰色（5YR4/1，润），砂质壤土，块状结构，疏松，多量中细根，少量中等扁平状砂页岩风化物，少量蚁穴，向下平滑清晰过渡。

Bt： 22～40 cm，淡灰色（5Y7/2，干），灰橄榄色（5Y6/2，润），壤土，块状结构，稍坚实，中量中粗根，少量中等扁平状砂页岩风化物，向下平滑清晰过渡。

BC： 40～135 cm，灰橄榄色（5Y6/2，干），橄榄黄色（5Y6/3，润），壤土，块状结构，稍坚实，无根系分布，多量中等和大的次圆砂页岩半风化物。

大茅系代表性单个土体剖面

大茅系代表性单个土体土壤物理性质

土层	深度/cm	砾石(>2mm，体积分数)/%	细土颗粒组成 (粒径：mm)/(g/kg)			质地	容重/(g/cm³)
			砂粒 2～0.05	粉粒 0.05～0.002	黏粒 <0.002		
Ah	0～22	10	630	215	155	砂质壤土	1.38
Bt	22～40	10	469	338	193	壤土	1.51
BC	40～135	40	426	480	94	壤土	—

大茅系代表性单个土体土壤化学性质

深度/cm	pH H₂O	pH KCl	有机碳/(g/kg)	全氮(N)/(g/kg)	全磷(P)/(g/kg)	全钾(K)/(g/kg)	CEC₇ [cmol(+)/kg 黏粒]	ECEC	盐基饱和度/%	铝饱和度/%	游离氧化铁/(g/kg)	铁游离度/%
0～22	5.2	4.1	38.6	2.03	0.12	6.86	50.0	50.3	28.9	2.3	18.7	58.9
22～40	5.1	3.9	11.3	0.68	2.01	29.34	45.4	47.2	17.2	16.1	29.3	72.3
40～135	5.1	4.0	4.2	0.35	1.71	23.45	219.3	225.7	7.8	25.3	21.9	51.8

8.7 普通铁质湿润淋溶土

8.7.1 打和系（Dahe Series）

土　族：砂质硅质混合型酸性高热性–普通铁质湿润淋溶土
拟定者：漆智平，杨　帆，王登峰

分布与环境条件　分布于海南儋州东部、东南及西南丘陵、低山地区，海拔140～160 m；花岗岩风化物母质，植被以橡胶、甘蔗、木薯为主；热带海洋性气候，年均日照时数为2000～2100 h，年均气温为24～25℃，年均降水量为1500～1600 mm。

打和系典型景观

土系特征与变幅　诊断层包括淡薄表层、黏化层；诊断特性包括高热土壤温度状况、湿润土壤水分状况、铁质特性。土体厚度0.7～1.0 m，黏化层上界出现于20～25 cm深度，厚度50～60 cm，砂粒含量为650～700 g/kg，黏粒含量为100～200 g/kg，砂质壤土，盐基饱和度35%～55%，铁游离度40%～50%；剖面通体为砂质壤土，pH 5.0～6.0。

对比土系　加钗系，同一亚类，不同土族，颗粒大小级别为壤质，黏化层上界出现于15～20 cm深度，厚度10～15 cm，游离氧化铁30 g/kg，铁游离度约30%，细土质地为砂质壤土–壤土。

利用性能综述　土体深厚，砂粒含量高，地表有缓坡，养分含量低。现已开垦为橡胶、甘蔗和薯类种植，营造次生林，涵养水分，保持水土。

参比土种　灰麻赤土。

代表性单个土体　位于海南省儋州市雅星镇打和村，花岗岩低丘上部，19°26′31.8″N，109°12′41.7″E，海拔145 m，花岗岩风化物母质，木薯旱地。50 cm深土壤温度为26.5℃。野外调查时间为2009年11月23日，编号为46-001。

Ah： 0～23 cm，棕色（7.5YR4/4，干），暗棕色（7.5YR3/4，润），砂质壤土，块状结构，稍坚实，少量极细根系，向下平滑渐变过渡。

Bt1： 23～43 cm，亮红棕色（5YR6/4，干），浊红棕色（5YR5/4，润），砂质壤土，块状结构，坚实，极少量极细根，向下平滑渐变过渡。

Bt2： 43～78 cm，橙色（7.5YR7/6，干），橙色（7.5YR6/6，润），砂质壤土，块状结构，坚实，无根系分布，少量花岗岩半风化物，向下平滑渐变过渡。

BC： 78～120 cm，浊橙色（7.5YR7/4，干），橙色（7.5YR7/6，润），砂质壤土，屑粒状结构，紧实，少量花岗岩半风化物。

打和系代表性单个土体剖面

打和系代表性单个土体土壤物理性质

土层	深度 /cm	砾石 (>2mm，体积分数)/%	细土颗粒组成 (粒径：mm)/(g/kg)			质地	容重 /(g/cm³)
			砂粒 2～0.05	粉粒 0.05～0.002	黏粒 <0.002		
Ah	0～23	0	771	133	96	砂质壤土	1.45
Bt1	23～43	0	691	177	132	砂质壤土	1.61
Bt2	43～78	5	657	188	155	砂质壤土	1.66
BC	78～120	10	594	250	156	砂质壤土	—

打和系代表性单个土体土壤化学性质

深度 /cm	pH H₂O	pH KCl	有机碳 /(g/kg)	全氮(N) /(g/kg)	全磷(P) /(g/kg)	全钾(K) /(g/kg)	CEC₇ ECEC /[cmol(+)/kg 黏粒]		盐基饱和度/%	铝饱和度/%	游离氧化铁 /(g/kg)	铁游离度/%
0～23	5.9	4.6	7.0	0.94	0.23	14.32	28.9		84.6		8.8	44.8
23～43	5.4	4.2	3.4	0.38	0.21	27.97	21.4		54.5		13.2	42.2
43～78	5.0	3.7	3.0	0.28	0.19	31.13	29.3		36.9		24.6	49.1
78～120	5.3	4.1	2.1	0.22	0.19	37.58	42.3		45.2		28.7	44.2

8.7.2 加钗系（Jiachai Series）

土　族：壤质硅质混合型非酸性高热性-普通铁质湿润淋溶土
拟定者：漆智平，王登峰

分布与环境条件　分布于海南中部山地坡地，海拔 250～350 m；花岗岩风化物残积物母质，灌木或次生林地，植被覆盖度 80%～85%；热带海洋性气候，年均日照时数 1600～1800 h，年均气温 22～23 ℃，年均降雨量 2200～2300 mm。

加钗系典型景观

土系特征与变幅　诊断层为淡薄表层、黏化层；诊断特性为高热土壤温度状况、湿润土壤水分状况、铁质特性。土体厚度大于 1 m，黏化层上界出现于 15～20 cm 深度，厚度 10～15 cm，游离氧化铁 30 g/kg，铁游离度约 30%，黏粒含量约为 200 g/kg，壤土；剖面土体砂粒含量为 450～600 g/kg，黏粒含量为 150～200 g/kg，砂质壤土-壤土，pH 4.8～6.0。

对比土系　雅亮系，同一土族，黏化层上界出现于 15 cm 左右深度，厚度 35～45 cm，铁游离度 55%～60%。打和系，同一土类，不同土族，颗粒大小级别为砂质，黏化层上界出现于 20～25 cm 深度，厚度 50～60 cm，铁游离度 40%～50%，通体为砂质壤土。

利用性能综述　土体深厚，但表层浅薄，植被长势较好，养分含量偏低，适宜栽植各类林木，在利用过程中注意防治土壤侵蚀。

参比土种　麻赤土。

代表性单个土体　位于海南省琼中县加钗农场，19°02′30.7″N，109°47′09.7″E，海拔 304 m，花岗岩风化物残积物母质，灌木或次生林地。50 cm 深土壤温度为 26.7 ℃。野外调查时间为 2009 年 11 月 26 日，编号为 46-057。

A: 0～17 cm，灰黄棕色（10YR6/2，干），浊黄棕色（10YR5/3，润），砂质壤土，块状结构，疏松，多量中细根，极少量角状花岗岩，向下平滑清晰过渡。

Bt: 17～32 cm，浊黄橙色（10YR6/4，干），浊黄棕色（10YR5/4，润），壤土，块状结构，坚实，少量中根，中量角状花岗岩，少量蚯蚓，向下波状渐变过渡。

Bw: 32～58 cm，浊黄橙色（10YR6/3，干），浊黄橙色（10YR6/4，润），壤土，块状结构，坚实，少量细根，少量次圆花岗岩，向下平滑清晰过渡。

BC: 58～150 cm，浊黄橙色（10YR6/4，干），亮黄棕色（10YR6/6，润），壤土，块状结构，坚实，极少量细根，少量小次圆花岗岩。

加钗系代表性单个土体剖面

加钗系代表性单个土体土壤物理性质

土层	深度 /cm	砾石 (>2mm，体积分数)/%	细土颗粒组成 (粒径：mm)/(g/kg)			质地	容重 /(g/cm³)
			砂粒 2～0.05	粉粒 0.05～0.002	黏粒 <0.002		
A	0～17	2	583	263	154	砂质壤土	1.27
Bt	17～32	10	443	354	203	壤土	1.52
Bw	32～58	5	504	343	153	壤土	1.56
BC	58～150	5	453	393	154	壤土	—

加钗系代表性单个土体土壤化学性质

深度 /cm	pH H₂O	pH KCl	有机碳 /(g/kg)	全氮(N) /(g/kg)	全磷(P) /(g/kg)	全钾(K) /(g/kg)	CEC_7 /[cmol(+)/kg 黏粒]	ECEC /[cmol(+)/kg 黏粒]	盐基饱和度/%	铝饱和度/%	游离氧化铁 /(g/kg)	铁游离度/%
0～17	4.8	3.9	18.3	0.75	0.12	36.57	28.4	42.9	9.8	76.5	20.2	30.3
17～32	5.8	4.6	8.8	0.42	0.11	31.05	31.8	43.2	6.4	79.0	29.8	30.1
32～58	5.7	4.5	14.0	0.56	0.10	35.74	34.8	47.4	8.5	72.7	23.0	59.5
58～150	5.9	4.6	4.8	0.19	0.26	7.41	62.2	78.5	4.1	79.0	29.4	28.7

8.7.3 雅亮系（Yaliang Series）

土　族：壤质硅质混合型非酸性高热性-普通铁质湿润淋溶土
拟定者：漆智平，王登峰

分布与环境条件　分布于海
南南部丘陵山地坡脚，海拔
90～140 m；花岗岩残积物母
质，次生林或灌木林地，植
被覆盖度 80%左右；热带海
洋性气候，年均日照时数为
1800～1900 h，年均气温为
25～26℃，年均降雨量为
1700～1800 mm。

雅亮系典型景观

土系特征与变幅　诊断层为淡薄表层、黏化层；诊断特性包括高热土壤温度状况、湿润
土壤水分状况、铁质特性。土体厚度大于 1 m，黏化层上界出现于 15 cm 左右深度，厚
度 35～45 cm，游离氧化铁 25～30 g/kg，铁游离度 55%～60%；剖面土体砂粒含量为 500～
600 g/kg，黏粒含量为 100～250 g/kg，砂质壤土-壤土，pH 5.0～6.0。

对比土系　加钗系，同一土族，黏化层出现于 15～20 cm 土层，厚度 10～15 cm，铁游
离度约 30%。

利用性能综述　土体发育一般，浅薄表层土壤有机质含量较高，但土壤氮磷钾含量较低，
土壤偏酸。应改善土壤酸性环境，在培肥基础上发展橡胶、甘蔗生产，坡度较大地区则
发展林木生产，增加地表覆盖，减少水土流失。

参比土种　中赤土。

代表性单个土体　位于海南省三亚市育才镇雅亮村，18°30′08.9″N，109°15′53.2″E，丘陵
坡脚，海拔 106 m，花岗岩残积物母质，次生林地。50 cm 深土壤温度为 27.2℃。野外调
查时间为 2009 年 11 月 26 日，编号为 46-045。

Ah： 0～14 cm，浊棕色（7.5YR5/3，干），暗棕色（7.5YR3/4，润），砂质壤土，块状结构，疏松，中量中细根，极少量次圆花岗岩碎屑，孔隙度高，向下平滑渐变过渡。

Bt： 14～52 cm，灰棕色（7.5YR5/2，干），棕色（7.5YR4/3，润），壤土，块状结构，坚实，少量中根，少量次圆花岗岩碎屑，向下平滑渐变过渡。

BC： 52～100 cm，浊棕色（7.5YR5/3，干），浊棕色（7.5YR5/4，润），壤土，块状结构，坚实，极少量细根，多量次圆花岗岩碎屑。

雅亮系代表性单个土体剖面

雅亮系代表性单个土体土壤物理性质

| 土层 | 深度/cm | 砾石（>2mm，体积分数)/% | 细土颗粒组成（粒径：mm)/(g/kg) | | | 质地 | 容重/(g/cm³) |
			砂粒2～0.05	粉粒0.05～0.002	黏粒<0.002		
Ah	0～14	2	594	233	173	砂质壤土	1.35
Bt	14～52	5	482	302	216	壤土	1.48
BC	52～100	15	514	353	133	壤土	—

雅亮系代表性单个土体土壤化学性质

深度/cm	pH H₂O	pH KCl	有机碳/(g/kg)	全氮(N)/(g/kg)	全磷(P)/(g/kg)	全钾(K)/(g/kg)	CEC₇/[cmol(+)/kg 黏粒]	ECEC	盐基饱和度/%	铝饱和度/%	游离氧化铁/(g/kg)	铁游离度/%
0～14	5.2	4.2	28.1	0.05	1.44	9.57	65.1	65.1	19.7	0.5	17.8	37.8
14～52	5.5	4.3	14.0	0.64	1.26	17.51	114.8	116.0	6.8	12.3	26.0	59.7
52～100	5.6	4.3	8.0	0.39	1.50	25.01	129.3	131.0	16.1	7.5	25.2	52.8

第9章 雏 形 土

9.1 普通简育干润雏形土

9.1.1 长流系（Changliu Series）

土　族：砂质硅质混合型酸性高热性-普通简育干润雏形土
拟定者：漆智平，王登峰

分布与环境条件　分布于海南西部海积平原区，海拔低于 30 m；浅海沉积物母质，旱地，种植豇豆、番薯等；热带干热性气候，年均日照时数为 2000～2200 h，年均气温为 24～26℃，年均降水量为 1200～1300 mm。

长流系典型景观

土系特征与变幅　诊断层为淡薄表层、雏形层；诊断特性包括高热土壤温度状况、半干润土壤水分状况。土体厚度 0.5～0.6 m，雏形层上界出现于 15 cm 左右深度，厚度 40～50 cm，土体基色为橙色～棕色（5YR～7.5YR）；剖面土体砂粒含量为 850～950 g/kg，细土质地为砂土-壤质砂土，pH 5.0～5.2。

对比土系　新安系，不同土类，湿润土壤水分状况，B 层铁游离度 55%～60%，属普通铁质湿润雏形土。

利用性能综述　土体较松散，质地较粗，保肥保水能力差，土壤有机质和土壤氮磷钾养分元素均较低，因此在开垦利用过程中，应注重施用有机肥和氮磷钾肥；由于土体较疏松，易于发生风蚀，同时应营造防护林，防治土壤风蚀。

参比土种　浅燥红土。

代表性单个土体　位于海南省乐东县佛罗镇长流村，18°33′34.5″N，108°45′09.4″E，海拔

9 m，海积平原区，浅海沉积物母质，旱地，种植豇豆。50 cm 深土壤温度为 27.2℃。野外调查时间为 2010 年 11 月 26 日，编号为 46-026。

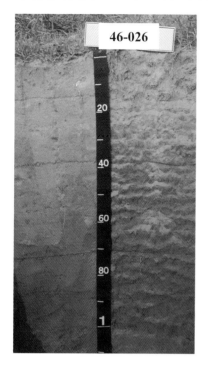

Ap: 0~16 cm，橙白色（5YR8/1，干），橙白色（5YR8/1，润），砂土，小块状结构，疏松，多量细根，多量圆形石英颗粒，向下平滑清晰过渡。

Bw1: 16~38 cm，淡棕灰色（5YR7/1，干），浊橙色（5YR6/3，润），砂土，块状结构，疏松，很少细根，多量圆形石英颗粒，向下平滑清晰过渡。

Bw2: 38~70 cm，浊棕色（7.5YR6/3，干），亮棕色（7.5YR5/6，润），砂土，块状结构，疏松，无根系分布，多量圆形石英颗粒，向下平滑清晰过渡。

BC: 70~120 cm，浊棕色（7.5YR6/3，干），亮棕色（7.5YR5/6，润），壤质砂土，粒状结构，疏松，多量小圆形石英颗粒。

长流系代表性单个土体剖面

长流系代表性单个土体土壤物理性质

土层	深度 /cm	砾石 (>2mm，体积分数)/%	细土颗粒组成 (粒径: mm)/(g/kg)			质地	容重 /(g/cm³)
			砂粒 2~0.05	粉粒 0.05~0.002	黏粒 <0.002		
Ap	0~16	0	922	32	46	砂土	1.55
Bw1	16~38	0	892	58	50	砂土	1.60
Bw2	38~70	0	881	64	55	砂土	1.49
BC	70~120	0	873	87	40	壤质砂土	1.46

长流系代表性单个土体土壤化学性质

深度 /cm	pH		有机碳 /(g/kg)	全氮(N) /(g/kg)	全磷(P) /(g/kg)	全钾(K) /(g/kg)	CEC₇	ECEC	盐基饱和度/%	铝饱和度/%	游离氧化铁 /(g/kg)	铁游离度/%
	H₂O	KCl					[cmol(+)/kg 黏粒]					
0~16	5.1	3.8	4.8	0.16	0.17	9.42	27.2	30.0	52.5	15.9	0.4	7.0
16~38	5.1	4.0	2.7	0.10	0.24	20.72	25.4	27.8	55.2	13.2	1.7	28.7
38~70	5.2	3.9	3.0	0.08	0.21	6.44	29.2	30.3	66.6	5.0	3.0	45.8
70~120	5.2	4.1	1.8	0.10	0.18	11.98	40.5	40.7	57.2	0.8	3.2	48.1

9.2 普通铝质常湿雏形土

9.2.1 青松系（Qingsong Series）

土　族：黏壤质高岭石混合型酸性高热性-普通铝质常湿雏形土

拟定者：漆智平，王登峰

分布与环境条件　分布于海南西部丘陵山地中坡，海拔500～600 m；花岗岩风化物残积物母质，林地或灌木林；热带海洋性气候，年均日照时数为 1800～1900 h，年均气温为 22～23℃，年均降雨量为 1700～1900 mm。

青松系典型景观

土系特征与变幅　诊断层包括淡薄表层、雏形层；诊断特性包括高热土壤温度状况、常湿润土壤水分状况、铝质现象。土体厚度 1.0～1.1 m，雏形层上界出现于 15～20 cm 深度，厚度 90～100 cm，黏粒含量为 250～400 g/kg，壤土-黏壤土，pH 约 5.0，铝饱和度 80%～85%；土体细土质地为壤土-黏壤土，pH 4.5～5.0。

对比土系　荣邦系，不同土类，空间位置相近，紫色砂页岩风化物母质，湿润土壤水分状况，土体为浊红紫色（5RP），具紫色砂页岩岩性特征，属酸性紫色湿润雏形土。新政系，不同土类，母质相同，湿润土壤水分状况，土体为亮黄棕色（2.5Y），系统质地为砂质壤土-壤土，属黄色铝质湿润雏形土。

利用性能综述　土体较深厚，表层土壤有机质含量较高，但其土壤养分元素含量均偏低，目前该土系已被开发用于种植橡胶。应适当施用化肥，并适当施用石灰，改良土壤酸性。

参比土种　麻赤红土。

代表性单个土体　位于海南省白沙县青松乡牙琼村，19°05′50.5″N，109°33′52.3″E，海拔509 m，花岗岩风化物残积物母质，林地或灌木林。50 cm 深土壤温度为 26.5℃。野外调查时间为 2009 年 11 月 26 日，编号为 46-021。

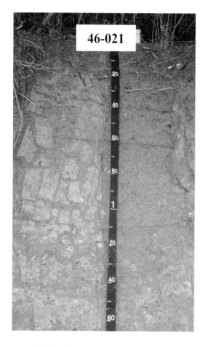

Ah: 0～17 cm，灰棕色（7.5YR6/2，干），棕色（7.5YR4/4，润），壤土，块状结构，疏松，中量中粗根，少量蚂蚁和蚂蚁穴，向下波状清晰过渡。

Bw1: 17～36 cm，黄棕色（10YR5/8，干），棕色（10YR4/6，润），壤土，棱块状结构，稍坚实，少量中细根，少量草木灰，向下平滑清晰过渡。

Bw2: 36～58 cm，黄棕色（10YR5/8，干），黄棕色（10YR5/8，润），黏壤土，棱块状结构，稍坚实，极少量细根，极少量角状花岗岩，向下波状渐变过渡。

Bw3: 58～109 cm，浊黄橙色（10YR6/4，干），黄棕色（10YR5/8，润），黏壤土，棱块状结构，稍坚实，少量大角状花岗岩，向下波状清晰过渡。

BC: 109～160 cm，浊橙色（10YR7/4，干），浊橙色（7.5YR6/4，润），黏壤土，块状结构，坚实，大量角状风化物。

青松系代表性单个土体剖面

青松系代表性单个土体土壤物理性质

土层	深度/cm	砾石(>2mm，体积分数)/%	砂粒 2～0.05	粉粒 0.05～0.002	黏粒 <0.002	质地	容重/(g/cm³)
Ah	0～17	0	403	335	262	壤土	0.87
Bw1	17～36	0	359	349	292	壤土	1.36
Bw2	36～58	2	338	314	348	黏壤土	1.39
Bw3	58～109	5	281	321	398	黏壤土	—
BC	109～160	40	246	367	387	黏壤土	—

青松系代表性单个土体土壤化学性质

深度/cm	pH H₂O	pH KCl	有机碳/(g/kg)	全氮(N)/(g/kg)	全磷(P)/(g/kg)	全钾(K)/(g/kg)	CEC₇ /[cmol(+)/kg 黏粒]	ECEC	盐基饱和度/%	铝饱和度/%	游离氧化铁/(g/kg)	铁游离度/%
0～17	4.7	3.7	29.6	1.57	0.14	17.38	49.8	70.9	5.9	79.7	8.0	16.7
17～36	4.9	3.8	13.4	0.71	0.08	18.71	48.3	68.1	3.8	84.2	23.9	47.1
36～58	4.9	3.7	10.0	0.69	0.12	19.23	49.7	67.3	3.1	86.2	40.5	51.0
58～109	5.0	3.8	9.6	0.64	0.13	15.85	48.2	61.1	3.7	80.8	28.1	48.3
109～160	4.8	3.9	5.5	0.46	0.13	19.70	41.8	53.1	4.5	80.1	30.3	37.8

9.3　酸性紫色湿润雏形土

9.3.1　荣邦系（Rongbang Series）

土　族：黏壤质硅质混合型高热性-酸性紫色湿润雏形土
拟定者：漆智平，王登峰

分布与环境条件　分布于海南西部低山丘陵地带，海拔50～100 m；紫色砂页岩风化物母质，植被以橡胶、次生林或荒草地为主，植被覆盖度80%以上；热带海洋性气候，年均日照时数为1900～2000 h，年均气温为 23～25℃，年均降水量为1500～1600 mm。

荣邦系典型景观

土系特征与变幅　诊断层为淡薄表层、雏形层；诊断特性包括高热土壤温度状况、湿润土壤水分状况、紫色砂页岩岩性特征。土体厚度约为 0.7 m，雏形层上界出现于 20～25 cm 深度，厚度20～25 cm，土体基色为浊红紫色（5RP），铁游离度50%～55%；剖面土体黏粒含量为150～250 g/kg，剖面通体为壤土，pH 约5.5。

对比土系　青松系，不同土类，空间位置相近，花岗岩风化物母质，常湿土壤水分状况，具铝质现象，属普通铝质常湿雏形土。

利用性能综述　土体较深厚，表层质地为壤土，逐步被开发利用为橡胶林或种植绿肥。由于其土壤养分元素含量偏低，在开发利用过程中，应注重平衡施肥，提高土壤养分元素含量。

参比土种　中紫色土。

代表性单个土体　位于海南省白沙县荣邦乡光代村，19°23′08.3″N，109°03′03.4″E，海拔52 m，丘陵坡地中部，紫色砂页岩风化物母质，以飞机草为主要植被的荒草地。50 cm 深土壤温度为26.6℃。野外调查时间为 2010 年 11 月 26 日，编号为46-020。

Ah：　0～21 cm，浊红紫色（5RP5/4，干），浊红紫色（5RP4/6，润），壤土，块状结构，坚实，少量细根，少量角状砂页岩，向下平滑清晰过渡。

Bw：　21～45 cm，浊红紫色（5RP5/4，干），浊红紫色（5RP5/6，润），壤土，块状结构，坚实，很少细根，少量角砂页岩，向下平滑清晰过渡。

BC：　45～69 cm，浊红紫色（5RP5/4，干），浊红紫色（5RP5/6，润），壤土，块状结构，很坚实，大量扁平状砂页岩，向下波状渐变过渡。

C：　69～117 cm，扁平状砂页岩。

荣邦系代表性单个土体剖面

荣邦系代表性单个土体土壤物理性质

土层	深度 /cm	砾石 (>2mm，体积分数)/%	细土颗粒组成 (粒径：mm)/(g/kg)			质地	容重 /(g/cm³)
			砂粒 2～0.05	粉粒 0.05～0.002	黏粒 <0.002		
Ah	0～21	2	385	387	228	壤土	1.59
Bw	21～45	5	323	463	214	壤土	—
BC	45～69	20	527	290	184	壤土	—

荣邦系代表性单个土体土壤化学性质

深度 /cm	pH H₂O	pH KCl	有机碳 /(g/kg)	全氮(N) /(g/kg)	全磷(P) /(g/kg)	全钾(K) /(g/kg)	CEC₇ /[cmol(+)/kg 黏粒]	ECEC /[cmol(+)/kg 黏粒]	盐基饱和度/%	铝饱和度/%	游离氧化铁 /(g/kg)	铁游离度/%
0～21	5.4	4.1	19.9	0.86	0.29	16.89	22.3	22.3	37.9	0.2	25.6	48.1
21～45	5.5	4.2	11.0	0.56	0.25	19.58	51.9	54.1	12.6	22.8	51.4	54.9
45～69	5.6	4.2	7.2	0.40	0.31	23.35	50.1	51.9	15.1	16.5	31.6	33.6

9.4 黄色铝质湿润雏形土

9.4.1 新政系（Xinzheng Series）

土　族：黏壤质硅质混合型酸性高热性-黄色铝质湿润雏形土
拟定者：漆智平，王登峰

分布与环境条件　分布于海南南部山区坡地，海拔 100～150 m；花岗岩风化物坡积物母质，次生林地，植被覆盖度 80%以上；热带海洋性气候，年均日照时数为 1800～2000 h，年均气温为 24～26℃，年均降水量为 1800～2000 mm。

新政系典型景观

土系特征与变幅　诊断层为淡薄表层、雏形层；诊断特性包括高热土壤温度状况、湿润土壤水分状况、铝质现象。土体厚度大于 1.2 m，雏形层上界出现于 15～20 cm 深度，厚度 40～45 cm，土体基色为亮黄棕色（2.5Y），铝饱和度约 65%；土体砂粒含量为 400～600 g/kg，细土质地为砂质壤土-壤土，pH 4.5～5.2。

对比土系　青松系，不同土类，母质相同，常湿润土壤水分状况，B 层为棕色-黄棕色（10YR），细土质地为壤土-黏壤土，属普通铝质常湿雏形土。

利用性能综述　土体质地为壤土，土壤有机质和养分含量较低，但处于坡地，易于发生土壤侵蚀。适宜发展橡胶林或乔木林，注意培肥地力和防止水土流失。

参比土种　麻黄赤土。

代表性单个土体　位于海南省保亭县新政镇毛胆村，18°30′22.1″N，109°37′48.4″E，海拔120 m，低山丘陵坡脚，花岗岩风化物坡积物母质，次生林地。50 cm 深土壤温度为 27.2℃。野外调查时间为 2010 年 12 月 1 日，编号为 46-053。

Ah：　0～16 cm，淡黄色（2.5Y7/3，干），浊黄色（2.5Y6/4，润），壤土，粒状结构，疏松，多量中根，向下平滑渐变过渡。

Bw：　16～57 cm，亮黄棕色（2.5Y7/6，干），亮黄棕色（2.5Y6/6，润），壤土，块状结构，较坚实，少量细根，极少量小次圆石英颗粒，向下平滑渐变过渡。

BC：　57～133 cm，浊黄色（2.5Y6/3，干），亮黄棕色（2.5Y6/6，润），砂质壤土，块状结构，较坚实，极少量细根，少量小圆花岗岩，中量铁斑纹。

新政系代表性单个土体剖面

新政系代表性单个土体土壤物理性质

土层	深度 /cm	砾石 (>2mm，体积分数)/%	细土颗粒组成 (粒径：mm)/(g/kg)			质地	容重 /(g/cm³)
			砂粒 2～0.05	粉粒 0.05～0.002	黏粒 <0.002		
Ah	0～16	0	401	487	112	壤土	1.43
Bw	16～57	0	400	492	108	壤土	1.63
BC	57～133	5	583	311	106	砂质壤土	—

新政系代表性单个土体土壤化学性质

深度 /cm	pH H₂O	pH KCl	有机碳 /(g/kg)	全氮(N) /(g/kg)	全磷(P) /(g/kg)	全钾(K) /(g/kg)	CEC₇ /[cmol(+)/kg 黏粒]	ECEC	盐基饱和度/%	铝饱和度/%	游离氧化铁 /(g/kg)	铁游离度/%
0～16	4.7	3.6	12.1	0.51	0.14	22.93	46.8	60.0	7.1	69.0	11.0	25.1
16～57	5.1	4.2	6.0	0.28	0.14	30.24	54.6	64.0	4.6	65.8	14.7	37.0
57～133	5.2	4.1	3.9	0.20	0.12	28.47	43.3	46.9	11.2	37.1	18.7	44.6

9.5　红色铁质湿润雏形土

9.5.1　西华系（Xihua Series）

土　族：砂质硅质混合型酸性高热性-红色铁质湿润雏形土
拟定者：漆智平，杨　帆，王登峰

分布与环境条件　分布于海南北部丘陵缓坡中部，海拔50～100 m；紫色砂页岩风化物母质，植被以甘蔗、番薯、次生林及灌木草丛为主，植被覆盖度约为 80%；热带海洋性气候，年均日照时数为1900～2000 h，年均气温为24～25℃，年均降水量为1500～1600 mm。

西华系典型景观

土系特征与变幅　诊断层为淡薄表层、雏形层；诊断特性包括高热土壤温度状况、湿润土壤水分状况。土体厚度大于 0.6 m，雏形层上层出现于 20～30 cm 深度，厚度 35～40 cm，pH 4.5～5.1，土体基色为红棕色～红橙色（5YR～10R）；剖面土体砂粒含量大于 600 g/kg，砂质壤土，pH 4.5～5.5，铁游离度 30%～45%。

对比土系　大成系，同一亚类，不同土族，花岗岩风化物母质，颗粒大小级别为黏壤质，细土质地为砂质壤土-壤土。

利用性能综述　土体质地为砂质壤土，耕性好，但保肥保水能力较差，地表有缓坡，易造成土壤侵蚀；土壤有机质、全氮缺乏，有效磷高，速效钾中等。酸度适宜茶树生长，宜发展茶树和名优特优热带水果种植。

参比土种　灰紫色土。

代表性单个土体　位于海南省儋州市大成镇西华农场 32 队，19°35′31.4″N，109°21′3.8″E，海拔 66 m，紫色砂页岩丘陵中坡，坡度 2°～5°，紫色砂页岩坡积物母质，甘蔗地。50 cm 深土壤温度为 26.2℃。野外调查时间为 2009 年 11 月 26 日，编号为 46-006。

A:　0～25 cm，浊红棕色（5YR5/3，干），灰棕色（5YR4/3，润），砂质壤土，小块状结构，稍坚实，多量孔隙及细根，向下平滑清晰过渡。

Bw1：25～40 cm，浊橙色（5YR6/4，干），亮红棕色（5YR5/6，润），砂质壤土，块状结构，坚实，少量极细根，向下波状渐变过渡。

Bw2：40～64 cm，浊红橙色（10R6/4，干），红橙色（10R6/8，润），砂质壤土，块状结构，坚实，极少量极细根，少量半风化体，向下不规则渐变过渡。

BC：64～110 cm，浊红橙色（10R6/4，干），红色（10R5/8，润），砂质壤土，坚实，大量半风化体。

西华系代表性单个土体剖面

西华系代表性单个土体土壤物理性质

| 土层 | 深度/cm | 砾石（>2mm，体积分数)/% | 细土颗粒组成（粒径：mm)/(g/kg) | | | 质地 | 容重/(g/cm³) |
			砂粒 2～0.05	粉粒 0.05～0.002	黏粒 <0.002		
A	0～25	0	670	196	134	砂质壤土	1.54
Bw1	25～40	0	625	223	152	砂质壤土	1.44
Bw2	40～64	5	605	223	172	砂质壤土	1.53
BC	64～110	60	781	124	95	砂质壤土	—

西华系代表性单个土体土壤化学性质

深度/cm	pH H₂O	pH KCl	有机碳/(g/kg)	全氮(N)/(g/kg)	全磷(P)/(g/kg)	全钾(K)/(g/kg)	CEC₇ /[cmol(+)/kg 黏粒]	ECEC /[cmol(+)/kg 黏粒]	盐基饱和度/%	铝饱和度/%	游离氧化铁/(g/kg)	铁游离度/%
0～25	5.0	3.8	6.1	0.47	0.17	19.46	26.8	22.3	42.9	6.5	11.6	33.0
25～40	4.9	3.9	3.4	0.32	0.13	21.32	25.4	23.2	48.4	7.1	14.5	34.2
40～64	5.1	3.9	4.4	0.42	0.14	22.07	28.6	20.7	53.7	4.5	15.5	35.1
64～110	5.3	4.1	2.7	0.56	0.62	13.61	38.7	36.7	82.5	1.3	17.2	44.5

9.5.2　博厚系（**Bohou Series**）

土　族：黏壤质硅质混合型酸性高热性-红色铁质湿润雏形土
拟定者：漆智平，王登峰

分布与环境条件　分布于
海南北部玄武岩台地，地
势平缓，海拔 30～80 m；
玄武岩风化物母质，种植
香蕉或次生林地；热带海
洋性气候，年均日照时数
为 1800～2000 h，年均气
温为 23～25℃，年均降水
量为 1600～1800 mm。

博厚系典型景观

土系特征与变幅　诊断层为淡薄表层、雏形层；诊断特性包括高热土壤温度状况、湿润
土壤水分状况、铁质特性。土体厚度大于 1 m，雏形层上界出现于 30～35 cm 深度，厚
度 25～30 cm，土体基色为亮红棕色（5YR）；剖面通体砂粒含量约为 300 g/kg，壤土-
黏壤土，pH 4.5～5.1。

对比土系　大成系，同一土族，花岗岩风化物母质，表层土壤质地为壤土，B 层土体色
调为红色（10R）。

利用性能综述　土壤发育较好，土体深厚，但表层土壤质地偏黏，耕性较差，且土壤偏
酸，土壤养分元素较为缺乏。应适量施用石灰，改善土壤酸性，同时施用氮磷钾肥，提
高土壤肥力。

参比土种　灰赤土。

代表性单个土体　位于海南省临高县博厚镇端用村，19°54′21.6″N，109°44′52.0″E，海拔
43 m，玄武岩台地平原区，玄武岩风化物母质，香蕉旱地。50 cm 深土壤温度为 26.2℃。
野外调查时间为 2010 年 11 月 27 日，编号为 46-030。

Ah：　0～34 cm，橙色（5YR6/8，干），亮红棕色（5YR5/8，润），黏壤土，小块状结构，松散，少量中根，向下波状渐变过渡。

Bw：　34～62 cm，橙色（5YR6/8，干），亮红棕色（5YR5/8，润），壤土，块状结构，松散，少量中根，向下波状渐变过渡。

BC：　62～101 cm，橙色（5YR6/8，干），亮红棕色（5YR5/8，润），壤土，块状结构，较坚实，极少量细根。

博厚系代表性单个土体剖面

博厚系代表性单个土体土壤物理性质

土层	深度/cm	砾石（>2mm，体积分数）/%	细土颗粒组成（粒径：mm)/(g/kg)			质地	容重/(g/cm³)
			砂粒 2～0.05	粉粒 0.05～0.002	黏粒 <0.002		
Ah	0～34	0	307	367	326	黏壤土	1.17
Bw	34～62	0	313	469	218	壤土	1.17
BC	62～101	0	276	485	239	壤土	1.22

博厚系代表性单个土体土壤化学性质

深度/cm	pH H₂O	pH KCl	有机碳/(g/kg)	全氮(N)/(g/kg)	全磷(P)/(g/kg)	全钾(K)/(g/kg)	CEC₇ [cmol(+)/kg 黏粒]	ECEC	盐基饱和度/%	铝饱和度/%	游离氧化铁/(g/kg)	铁游离度/%
0～34	4.7	3.8	20.4	0.77	0.43	2.74	25.3	31.6	8.5	65.0	49.9	89.7
34～62	4.6	3.5	13.7	0.69	0.38	2.14	59.2	66.1	5.4	57.3	60.7	43.2
62～101	5.1	4.0	10.1	0.48	0.37	1.89	51.5	56.3	7.6	49.7	83.1	59.3

9.5.3 大成系（Dacheng Series）

土　族：黏壤质硅质混合型酸性高热性-红色铁质湿润雏形土
拟定者：漆智平，杨　帆，王登峰

分布与环境条件　分布于海
南西部丘陵山地坡脚缓坡地
带，地形为略起伏低丘，海
拔 60～120 m；花岗岩风化物
母质，种植甘蔗、番薯等；
热带海洋性气候，年均日照
时数为 1800～1900 h，年均
气温为 24～26℃，年均降水
量为 1500～1600 mm。

大成系典型景观

土系特征与变幅　诊断层为淡薄表层、雏形层；诊断特性包括高热土壤温度状况、湿润
土壤水分状况、铁质特性。土体厚度 0.8～1.0 m，雏形层上界出现于 20 cm 左右深度，
土体基色为红色（10R），黏粒含量为 150～250 g/kg，砂质壤土-壤土，游离铁含量为
40～50 g/kg，铁游离度 50%～60%，强酸性，pH 4.5～5.5。

对比土系　博厚系，同一土族，玄武岩风化物母质，表层土壤质地为黏壤土，B 层土体
色调为亮红棕色（5YR）。西华系，同一亚类，不同土族，紫色砂页岩风化物母质，颗
粒大小级别为砂质，剖面通体为砂质壤土。

利用性能综述　土体较深厚，少砾石，表层土壤质地为壤土，耕性好，但养分缺乏。应
以旱耕为主，培肥土壤，发挥生产潜力。

参比土种　灰麻赤土。

代表性单个土体　位于海南省儋州市大成镇西华农场二队，19°34′24.5″N，109°22′6.7″E，
海拔 83 m，花岗岩丘陵坡地，花岗岩风化物母质，旱地，种植甘蔗。50 cm 深土壤温度
为 26.3℃。野外调查时间为 2009 年 11 月 24 日，编号为 46-005。

A: 0～18 cm，橙色（5YR6/6，干），亮红棕色（5YR5/8，润），壤土，粒状结构，疏松，极少量细根，少量砾石，向下波状清晰过渡。

Bw1: 18～69 cm，红色（10R6/6，干），红色（10R4/8，润），砂质黏壤土，块状结构，稍坚实，极少量极细根，向下波状渐变过渡。

Bw2: 69～83 cm，红色（10R6/6，干），红色（10R4/8，润），砂质壤土，块状结构，稍坚实，无根系分布。

大成系代表性单个土体剖面

大成系代表性单个土体土壤物理性质

| 土层 | 深度 /cm | 砾石 (>2mm，体积分数)/% | 细土颗粒组成 (粒径：mm)/(g/kg) | | | 质地 | 容重 /(g/cm³) |
			砂粒 2～0.05	粉粒 0.05～0.002	黏粒 <0.002		
A	0～18	5	406	339	255	壤土	1.36
Bw1	18～69	0	541	223	236	砂质黏壤土	1.47
Bw2	69～83	0	606	221	173	砂质壤土	1.58

大成系代表性单个土体土壤化学性质

| 深度 /cm | pH | | 有机碳 /(g/kg) | 全氮(N) /(g/kg) | 全磷(P) /(g/kg) | 全钾(K) /(g/kg) | CEC$_7$ | ECEC | 盐基饱和度/% | 铝饱和度/% | 游离氧化铁 /(g/kg) | 铁游离度 /% |
	H₂O	KCl					/[cmol(+)/kg 黏粒]					
0～18	5.4	4.1	9.5	0.70	0.42	18.23	53.3	14.4	24.5	2.4	48.5	50.6
18～69	4.8	3.9	3.6	0.40	0.25	10.86	34.2	13.5	18.7	12.4	44.5	57.1
69～83	5.1	4.0	2.5	0.20	0.22	10.86	31.4	16.4	32.8	6.5	42.7	60.3

9.6　普通铁质湿润雏形土

9.6.1　新安系（Xin′an Series）

土　　族：砂质硅质型酸性高热性-普通铁质湿润雏形土
拟定者：漆智平，王登峰

分布与环境条件　分布于海南西部海积平原区，海拔低于 20 m；浅海沉积物母质，荒草地或防风林，植被覆盖度约为 60%；热带海洋性气候，年均日照时数为 2000～2300 h，年均气温为 25～27℃，年均降水量为 1400～1500 mm。

新安系典型景观

土系特征与变幅　诊断层为淡薄表层、雏形层；诊断特性包括高热土壤温度状况、湿润土壤水分状况、铁质特性。土体厚度超过 1.3 m，雏形层上界出现于 20～30 cm 深度，厚度 110～120 cm，铁游离度 55%～60%；剖面土体砂粒含量高于 900 g/kg，剖面通体为砂土，pH 5.0～5.5。

对比土系　坡寿系，同一亚类，不同土族，地形部位相似，母质相同，矿物学类型为硅质混合型，非酸性，土壤 pH 5.0～6.0，细土质地为砂土-砂质壤土。

利用性能综述　土体深厚，土壤质地偏砂，透气性较好，但保肥保水能力差，且土壤偏酸，易于发生风蚀，土壤有机质缺乏，氮磷钾养分元素极为缺乏。可适当开垦为旱地，种植番薯、花生、西瓜等，在利用过程中应注重有机肥和氮磷钾的施用，并营造防风林。

参比土种　固定沙土。

代表性单个土体　位于海南省乐东县佛罗镇新安村，18°37′06.2″N，E108°42′52.5″E，海拔 6 m，海积平原，浅海沉积物母质，防风林。50 cm 深土壤温度为 27.2℃。野外调查时间为 2010 年 11 月 25 日，编号为 46-025。

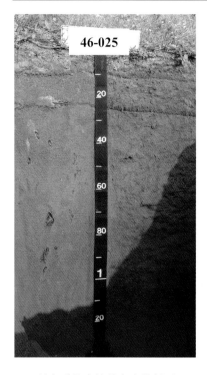

Ah: 0～12 cm，淡棕灰色（7.5YR7/1，干），浊棕色（7.5YR5/3，润），砂土，粒状结构，疏松，多量细根，向下平滑渐变过渡。

AB: 12～25 cm，淡棕灰色（7.5YR7/1，干），浊棕色（7.5YR5/3，润），砂土，粒状结构，疏松，中量细根，向下平滑渐变过渡。

Bw: 25～130 cm，棕灰色（7.5YR6/1，干），亮棕色（7.5YR5/6，润），砂土，粒状结构，疏松，很少细根，极少量残根。

新安系代表性单个土体剖面

新安系代表性单个土体土壤物理性质

土层	深度/cm	砾石(>2mm，体积分数)/%	细土颗粒组成 (粒径：mm)/(g/kg)			质地	容重/(g/cm³)
			砂粒 2～0.05	粉粒 0.05～0.002	黏粒 <0.002		
Ah	0～12	0	912	32	56	砂土	1.54
AB	12～25	0	912	42	46	砂土	1.56
Bw	25～130	0	926	44	30	砂土	1.64

新安系代表性单个土体土壤化学性质

深度/cm	pH H₂O	pH KCl	有机碳/(g/kg)	全氮(N)/(g/kg)	全磷(P)/(g/kg)	全钾(K)/(g/kg)	CEC₇ /[cmol(+)/kg 黏粒]	ECEC	盐基饱和度/%	铝饱和度/%	游离氧化铁/(g/kg)	铁游离度/%
0～12	5.1	4.0	14.6	0.61	0.17	3.71	37.0	39.2	55.7	9.5	5.9	29.4
12～25	5.3	4.1	4.6	0.34	0.30	3.47	31.6	31.6	69.1	4.7	6.7	54.2
25～130	5.3	4.0	1.3	0.09	0.14	1.90	51.7	56.9	74.5	11.0	2.4	59.6

9.6.2 东成系（Dongcheng Series）

土　族：砂质硅质混合型酸性高热性-普通铁质湿润雏形土
拟定者：漆智平，杨　帆，王登峰

分布与环境条件　分布于海南儋州中北部地区，地势平缓，海拔 10～50 m；河流冲积物母质，种植橡胶、桉树；热带海洋性气候，年均日照时数为 1800～2000 h，年均气温为 23～24℃，年均降水量为 1400～1600 mm。

东成系典型景观

土系特征与变幅　诊断层包括淡薄表层、雏形层，诊断特性为高热土壤温度状况、湿润土壤水分状况、铁质特征。土体厚度超过 1.2 m，雏形层上界出现于 25～30 cm 深度，厚度约为 1 m，土体基色为黄棕色—浊黄橙色（10YR），铁游离度 50%～65%；剖面土壤黏粒含量为 50～100 g/kg，细土质地为壤质砂土-砂质壤土，pH 5.0～5.5。

对比土系　坡寿系，同一亚类，不同土族，浅海沉积物母质，非酸性，pH 5.0～6.0。

利用性能综述　土体深厚，土体结构好，表层质地为壤质砂土，耕性好，保肥保水能力差，土壤有机质和养分缺乏。利用时应营造防风林，改善生态环境，注重增施有机肥，培肥地力。

参比土种　潮沙泥土。

代表性单个土体　位于海南省儋州市东成镇太平村，19°43′4.6″N，109°27′34.9″E，海拔 20 m，低丘阶地，地势平缓，河流冲积物母质，桉树林。50 cm 深土壤温度为 26.4℃。野外调查时间为 2009 年 11 月 26 日，编号为 46-009。

Ah：　0～26 cm，淡棕灰色（5YR7/1，干），淡棕灰色（5YR6/2，润），壤质砂土，粒状结构，疏松，多量中根，多粒间孔隙，向下波状清晰过渡。

Bw1：26～60 cm，浊黄橙色（10YR6/3，干），浊黄橙色（10YR6/4，润），壤质砂土，粒状结构，疏松，中量细根，向下波状渐变过渡。

Bw2：60～100 cm，浊黄橙色（10YR6/4，干），黄棕色（10YR5/8，润），砂质壤土，块状结构，稍紧，少量细根，向下波状渐变过渡。

Bw3：100～120 cm，黄棕色（10YR5/6，干），黄棕色（10YR5/8，润），砂质壤土，块状结构，稍坚实。

东成系代表性单个土体剖面

东成系代表性单个土体土壤物理性质

| 土层 | 深度 /cm | 砾石 (>2mm，体积分数)/% | 细土颗粒组成（粒径：mm)/(g/kg) | | | 质地 | 容重 /(g/cm³) |
			砂粒 2～0.05	粉粒 0.05～0.002	黏粒 <0.002		
Ah	0～26	0	804	136	60	壤质砂土	1.48
Bw1	26～60	0	786	152	62	壤质砂土	1.61
Bw2	60～100	0	749	170	81	砂质壤土	1.74
Bw3	100～120	0	687	208	105	砂质壤土	1.72

东成系代表性单个土体土壤化学性质

| 深度 /cm | pH | | 有机碳 /(g/kg) | 全氮(N) /(g/kg) | 全磷(P) /(g/kg) | 全钾(K) /(g/kg) | CEC₇ | ECEC | 盐基饱和度/% | 铝饱和度 /% | 游离氧化铁 /(g/kg) | 铁游离度 /% |
	H₂O	KCl					[cmol(+)/kg 黏粒]					
0～26	5.3	4.2	2.7	0.18	0.62	0.38	13.2	9.8	36.0	3.1	3.3	53.7
26～60	5.4	4.2	1.3	0.08	0.62	0.31	9.6	8.0	38.4	3.4	3.4	50.1
60～100	4.9	4.0	0.8	0.06	0.58	0.86	16.5	12.6	41.5	3.7	5.4	63.4
100～120	4.9	3.9	1.5	0.12	0.74	2.01	30.9	17.2	45.8	1.9	9.5	47.6

9.6.3　坡寿系（Poshou Series）

土　族：砂质硅质混合型非酸性高热性-普通铁质湿润雏形土
拟定者：漆智平，王登峰

分布与环境条件　分布于海南西南部海积平原区，海拔20～40 m；浅海沉积物母质，旱地或防风林；热带海洋性气候，年均日照时数为2100～2200 h，年均气温为24～26℃，年均降水量为1400～1500 mm。

坡寿系典型景观

土系特征与变幅　诊断层为淡薄表层、雏形层；诊断特性包括高热土壤温度状况、湿润土壤水分状况、铁质特性。土体厚度大于0.8 m，雏形层上界出现于10～15 cm深度，厚度70～80 cm，铁游离度40%～60%；剖面土体砂粒含量为600～850 g/kg，细土质地为壤质砂土-砂质壤土，pH 5.0～6.0。

对比土系　新安系，同一亚类，不同土族，地形部位类似，母质相同，矿物学类型为硅质型，酸性，土壤pH 5.0～5.5，剖面通体为砂土。东成系，同一亚类，不同土族，河流冲积物母质，酸性，pH 5.0～5.5。

利用性能综述　土体深厚，表层为壤质砂土，土壤透气性较好，但易引起风蚀，有机质和土壤养分缺乏。可开垦为旱地，种植番薯、花生、西瓜等。应加强营造防风林，防风固沙，防止土壤冲刷。

参比土种　浅燥红土。

代表性单个土体　位于海南省东方市八所镇报英村和坡寿村之间，19°06′05.0″N，108°43′47.6″E，海拔32 m，海积平原，浅海沉积物母质，旱地，种植西瓜。50 cm深土壤温度为26.8℃。野外调查时间为2010年11月24日，编号为46-063。

Ah:　0～14 cm，浅灰色（2.5YR7/1，干），浅灰色（2.5YR7/1，润），壤质砂土，粒状结构，疏松，中量细根，多量小于1 mm的角状石英颗粒，向下平滑清晰过渡。

Bw1：14～37 cm，灰黄色（2.5Y7/2，干），淡黄色（2.5Y7/3，润），壤质砂土，粒状结构，疏松，很少细根，向下平滑清晰过渡。

Bw2：37～85 cm，淡黄色（2.5Y7/3，干），浊黄色（2.5Y6/3，润），壤质砂土，粒状结构，疏松，多量小于1 mm角状石英颗粒，极少量模糊铁斑纹，向下平滑清晰过渡。

BC：　85～104 cm，亮黄棕色（2.5Y7/6，干），亮黄棕色（2.5Y6/6，润），砂质壤土，粒状结构，疏松，中量铁斑纹。

坡寿系代表性单个土体剖面

坡寿系代表性单个土体土壤物理性质

土层	深度/cm	砾石(>2mm，体积分数)/%	细土颗粒组成 (粒径: mm)/(g/kg)			质地	容重/(g/cm³)
			砂粒 2～0.05	粉粒 0.05～0.002	黏粒 <0.002		
Ah	0～14	0	839	112	49	壤质砂土	1.96
Bw1	14～37	0	815	139	46	壤质砂土	1.70
Bw2	37～85	0	800	196	4	壤质砂土	1.91
BC	85～104	0	615	267	118	砂质壤土	1.88

坡寿系代表性单个土体土壤化学性质

深度/cm	pH H₂O	pH KCl	有机碳/(g/kg)	全氮(N)/(g/kg)	全磷(P)/(g/kg)	全钾(K)/(g/kg)	CEC₇	ECEC [cmol(+)/kg 黏粒]	盐基饱和度/%	铝饱和度/%	游离氧化铁/(g/kg)	铁游离度/%
0～14	5.6	4.4	4.8	0.16	0.20	11.14	29.9	29.9	67.0	4.9	2.4	45.8
14～37	5.7	4.2	4.4	0.15	0.13	10.79	23.2	25.2	72.6	10.2	2.3	43.9
37～85	5.3	4.2	2.8	0.15	0.08	10.63	53.9	54.4	33.5	2.6	4.0	59.2
85～104	5.2	4.1	3.9	0.22	0.11	6.65	54.3	55.9	14.2	14.2	11.4	40.5

9.6.4 南丰系（Nanfeng Series）

土　族：壤质硅质混合型酸性高热性-普通铁质湿润雏形土
拟定者：漆智平，杨　帆，王登峰

分布与环境条件　分布于海南中西部琼中、儋州、白沙等地的丘陵山地，缓坡，海拔 200～300 m；砂页岩风化物坡积物母质，植被以次生林、稀疏灌木为主，植被覆盖度 80% 以上；热带海洋性气候，年均日照时数为 1800～2000 h，年均气温为 23～25℃，年均降水量为 1700～1900 mm。

南丰系典型景观

土系特征与变幅　诊断层为淡薄表层、雏形层；诊断特性包括高热土壤温度状况、湿润土壤水分状况、铁质特性。土体厚度约 0.5 m，雏形层上界出现于 15 cm 左右深度，厚度 25～30 cm，铁游离度约 50%；剖面土体黏粒含量约为 200 g/kg，粉砂壤土-壤土，pH 4.5～5.0。

对比土系　居便系，同一亚类，不同土族，母质相同，颗粒大小级别为黏壤质，非酸性，土壤 pH 5.5～6.0，细土质地为壤土-砂质黏壤土。

利用性能综述　土体较薄，强酸性至极强酸性，有机质缺乏、养分极缺乏。利用时应改善土壤酸碱性，营造次生林、发展热带果树种植，保持水土。

参比土种　中页赤土。

代表性单个土体　位于海南省儋州市南丰镇油文村，19°23′51.9″N，109°36′53.0″E，海拔 211 m，砂页岩高丘中坡，砂页岩风化物坡积物母质，马占相思次生林。50 cm 深土壤温度为 25.8℃。野外调查时间为 2009 年 11 月 30 日，编号为 46-013。

Ah: 0～14 cm，浊黄橙色（10YR6/3，干），浊黄橙色（10YR6/4，润），壤土，块状结构，疏松，中量中根和细根，向下波状渐变过渡。

Bw: 14～31 cm，浊黄橙色（10YR6/3，干），浊黄橙色（10YR6/4，润），壤土，块状结构，稍坚实，很少极细根，向下波状渐变过渡。

BC: 31～51 cm，亮黄棕色（10YR6/6，干），黄棕色（10YR5/8，润），粉砂壤土，多量半风化体，块状和碎屑状结构，坚实，向下波状渐变过渡。

C: 51～120 cm，块状半风化体。

南丰系代表性单个土体剖面

南丰系代表性单个土体土壤物理性质

| 土层 | 深度 /cm | 砾石 (>2mm，体积分数)/% | 细土颗粒组成（粒径：mm）/(g/kg) | | | 质地 | 容重 /(g/cm³) |
			砂粒 2～0.05	粉粒 0.05～0.002	黏粒 <0.002		
Ah	0～14	0	374	444	182	壤土	1.36
Bw	14～31	0	338	482	180	壤土	1.61
BC	31～51	0	290	509	201	粉砂壤土	—

南丰系代表性单个土体土壤化学性质

| 深度 /cm | pH | | 有机碳 /(g/kg) | 全氮(N) /(g/kg) | 全磷(P) /(g/kg) | 全钾(K) /(g/kg) | CEC₇ | ECEC | 盐基饱和度/% | 铝饱和度/% | 游离氧化铁 /(g/kg) | 铁游离度 /% |
	H₂O	KCl					/[cmol(+)/kg 黏粒]					
0～14	4.4	3.4	14.4	0.88	1.29	19.66	25.7	18.7	13.4	12.0	28.4	52.8
14～31	4.6	3.4	8.9	0.66	1.35	19.03	31.8	16.2	3.2	10.2	30.6	50.8
31～51	4.7	3.6	5.6	0.47	1.41	23.64	22.1	11.4	5.8	6.3	37.8	53.9

9.6.5 居便系（Jubian Series）

土　族：黏壤质硅质混合型非酸性高热性-普通铁质湿润雏形土
拟定者：漆智平，王登峰

分布与环境条件　分布于海南西部丘陵山地坡脚地带，地势平缓，海拔 50～100 m；砂页岩风化物坡积物母质，旱地，种植甘蔗、木薯、红薯等；热带海洋性气候，年均日照时数为 2100～2200 h，年均气温为 24～26℃，年均降水量为 1400～1500 mm。

居便系典型景观

土系特征与变幅　诊断层为淡薄表层、雏形层；诊断特性包括高热土壤温度状况、湿润土壤水分状况、铁质特性。土体厚度小于 0.7 m，雏形层上界出现于 15～20 cm 深度，厚度 25～30 cm，铁游离度约为 45%。剖面土体黏粒含量为 200～250 g/kg，壤土-砂质黏壤土，pH 5.5～6.0。

对比土系　南丰系，同一亚类，不同土族，母质相同，颗粒大小级别为壤质，酸性，土壤 pH 4.5～5.0，细土质地为粉砂壤土-壤土。

利用性能综述　地形平坦，但土体发育较弱，表层浅薄，且表层以下较紧实，耕性较差，土壤氮磷元素含量偏低，在利用时应培肥地力。

参比土种　中页褐赤土。

代表性单个土体　位于海南省东方市抱板镇居便村，19°06′33.2″N，108°50′54.2″E，海拔 60 m，丘陵山地坡脚地带，地势低平，砂页岩风化物坡积物母质，旱地，种植甘蔗。50 cm 深土壤温度为 26.8℃。野外调查时间为 2010 年 11 月 24 日，编号为 46-065。

Ap:　0～6 cm，棕灰色（7.5YR6/1，干），灰棕色（7.5YR5/2，润），砂质黏壤土，块状结构，坚实，中量细根，向下波状清晰过渡。

Bw1: 6～19 cm，棕灰色（5YR5/1，干），灰棕色（5YR5/2，润），砂质黏壤土，块状结构，坚实，少量细根，向下波状清晰过渡。

Bw2: 19～48 cm，浊黄色（2.5Y6/3，干），浊黄色（2.5Y6/4，润），壤土，块状结构，坚实，无根系分布，少量草木灰，极少量角状长石，多黏粒胶膜，向下波状清晰过渡。

BC:　48～70 cm，浊黄色（2.5Y6/4，干），亮黄棕色（2.5Y6/6，润），块状结构，坚实，多黏粒胶膜。

居便系代表性单个土体剖面

居便系代表性单个土体土壤物理性质

土层	深度/cm	砾石（>2mm，体积分数)/%	细土颗粒组成 (粒径：mm)/(g/kg)			质地	容重/(g/cm³)
			砂粒 2～0.05	粉粒 0.05～0.002	黏粒 <0.002		
Ap	0～6	0	547	251	202	砂质黏壤土	1.42
Bw1	6～19	0	515	252	233	砂质黏壤土	1.43
Bw2	19～48	2	386	362	252	壤土	1.41

居便系代表性单个土体土壤化学性质

深度/cm	pH H₂O	pH KCl	有机碳/(g/kg)	全氮(N)/(g/kg)	全磷(P)/(g/kg)	全钾(K)/(g/kg)	CEC₇	ECEC /[cmol(+)/kg 黏粒]	盐基饱和度/%	铝饱和度/%	游离氧化铁/(g/kg)	铁游离度/%
0～6	5.7	4.3	23.3	0.84	0.53	7.44	59.6	60.2	30.5	3.3	37.7	39.7
6～19	5.5	4.2	15.7	0.64	0.58	7.50	54.9	55.0	25.5	0.9	38.7	41.1
19～48	5.7	4.2	10.7	0.44	0.17	5.66	66.2	66.7	23.6	3.4	55.5	45.4

9.7　普通酸性湿润雏形土

9.7.1　五尧系（Wuyao Series）

土　族：砂质硅质混合型高热性-普通酸性湿润雏形土
拟定者：漆智平，王登峰

分布与环境条件　分布于
海南西北部海积平原区，
海拔 30～50 m；浅海沉积
物母质，旱地，种植甘蔗、
甘薯等；热带海洋性气候，
年平均日照时数为 1900～
2000 h，年均气温为 24～
25℃，年平均降水量为
1600～1700 mm。

五尧系典型景观

土系特征与变幅　诊断层为淡薄表层、雏形层；诊断特性包括高热土壤温度状况、湿润
土壤水分状况。土体厚度约为 0.7 m，雏形层上界出现于 20 cm 左右深度，厚度 45～50 cm，
酸性，pH 约 5.0，盐基饱和度 30%～40%；剖面土体砂粒含量约为 700～800 g/kg，细土
质地为壤质砂土-砂质壤土，pH 4.5～5.5。

对比土系　元门系，同一土族，紫色砂岩坡积物母质，细土质地通体为砂质壤土，雏形
层上界出现于 10～15 cm 深度，厚度约 1 m。

利用性能综述　淡薄表层，土壤有机质和养分含量均偏低，且土壤偏酸。目前利用以甘
蔗为主。在生产上应注重增施有机肥和土壤氮磷钾肥，培肥地力，并适量施用石灰，调
节土壤酸性。

参比土种　灰浅黄赤土。

代表性单个土体　位于海南省临高县博厚镇五尧村，19°55′12.6″N，109°44′10.2″E，海拔
42 m；浅海沉积物母质，旱地，种植甘蔗。50 cm 深土壤温度为 26.2℃。野外调查时间
为 2010 年 11 月 27 日，编号为 46-031。

Ap: 0～10 cm，淡棕灰色（7.5YR7/1，干），棕灰色（7.5YR6/1，润），壤质砂土，块状结构，疏松，少量细根，向下平滑渐变过渡。

AB: 10～20 cm，棕灰色（7.5YR6/1，干），灰棕色（7.5YR5/2，润），壤质砂土，块状结构，疏松，向下平滑渐变过渡。

Bw: 20～66 cm，灰棕色（7.5YR6/2，干），灰棕色（7.5YR5/2，润），砂质壤土，块状结构，较坚实，向下平滑渐变过渡。

BC: 66～102 cm，灰棕色（7.5YR6/2，干），灰棕色（7.5YR5/2，润），砂质壤土，核状结构，坚实，少量小的角状风化母质，铁连续板状胶结。

五尧系代表性单个土体剖面

五尧系代表性单个土体土壤物理性质

土层	深度/cm	砾石(>2mm，体积分数)/%	细土颗粒组成 (粒径: mm)/(g/kg)			质地	容重/(g/cm³)
			砂粒 2～0.05	粉粒 0.05～0.002	黏粒 <0.002		
Ap	0～10	0	751	195	54	壤质砂土	1.75
AB	10～20	0	781	149	70	壤质砂土	1.81
Bw	20～66	0	700	230	70	砂质壤土	1.78
BC	66～102	5	572	328	100	砂质壤土	—

五尧系代表性单个土体土壤化学性质

深度/cm	pH H₂O	pH KCl	有机碳/(g/kg)	全氮(N)/(g/kg)	全磷(P)/(g/kg)	全钾(K)/(g/kg)	CEC_7 [cmol(+)/kg 黏粒]	ECEC [cmol(+)/kg 黏粒]	盐基饱和度/%	铝饱和度/%	游离氧化铁/(g/kg)	铁游离度/%
0～10	5.5	4.4	6.6	0.22	0.11	1.95	16.3	22.3	52.6	32.5	11.9	56.5
10～20	5.4	4.2	3.8	0.19	0.18	0.74	15.5	24.3	58.2	40.0	6.8	23.0
20～66	5.1	3.9	2.5	0.09	0.10	0.54	25.5	39.7	35.5	53.8	8.5	14.4
66～102	4.6	3.8	4.3	0.17	0.08	1.81	68.2	81.5	11.5	54.5	30.2	21.0

9.7.2 元门系（Yuanmen Series）

土　族：砂质硅质混合型高热性-普通酸性湿润雏形土
拟定者：漆智平，王登峰

分布与环境条件　分布于
海南低山丘陵缓坡，海拔
160～220 m；紫色砂岩坡积
物母质，旱地，种植甘蔗或
其他旱作作物；热带海洋性
气候，年均日照时数为
1800～2000 h，年均气温为
24～25℃，年均降水量为
1900～2000 mm。

元门系典型景观

土系特征与变幅　诊断层为淡薄表层、雏形层；诊断特性包括高热土壤温度状况、湿
润土壤水分状况。土体厚度超过 1.2 m，雏形层上界出现于 10～15 cm 深度，厚度约
1 m，盐基饱和度约 20%；剖面土体砂粒含量为 600～700 g/kg，剖面通体为砂质壤土，
pH 5.0～6.0。

对比土系　五尧系，同一土族，浅海沉积物母质，雏形层上界出现于 20 cm 左右深度，
厚度 45～50 cm，细土质地为壤质砂土-砂质壤土。

利用性能综述　土体深厚，质地偏砂，耕性好，但保肥保水能力差，土壤有机质和养分
含量偏低，主要以甘蔗种植为主。在种植生产过程中，应注重增施肥料，提高有机肥用
量；培肥地力，提高土壤保肥能力。

参比土种　灰紫色土。

代表性单个土体　位于海南省白沙县元门乡元门村，19°09′07.2″N，109°29′48.2″E，海拔
190 m，低山丘陵中坡，紫色砂岩坡积物母质，旱地，种植甘蔗。50 cm 深土壤温度为 26.7℃。
野外调查时间为 2010 年 11 月 23 日，编号为 46-022。

Ap：　0～14 cm，棕灰色（7.5YR6/1，干），灰棕色（7.5YR5/2，润），砂质壤土，核状结构，疏松，少量中细根，向下平滑清晰过渡。

Bw1：14～61 cm，淡棕灰色（7.5YR7/1，干），灰棕色（7.5YR6/2，润），砂质壤土，块状结构，疏松，很少量细根，向下平滑清晰过渡。

Bw2：61～127 cm，淡棕灰色（7.5YR7/1，干），灰棕色（7.5YR6/2，润），砂质壤土，块状结构，稍坚实，无根系分布。

元门系代表性单个土体剖面

元门系代表性单个土体土壤物理性质

| 土层 | 深度 /cm | 砾石 (>2mm，体积分数)/% | 细土颗粒组成/ (粒径：mm) (g/kg) | | | 质地 | 容重 /(g/cm³) |
			砂粒 2～0.05	粉粒 0.05～0.002	黏粒 <0.002		
Ap	0～14	0	698	185	117	砂质壤土	1.42
Bw1	14～61	0	696	162	142	砂质壤土	1.62
Bw2	61～127	0	608	255	137	砂质壤土	1.65

元门系代表性单个土体土壤化学性质

| 深度 /cm | pH | | 有机碳 /(g/kg) | 全氮(N) /(g/kg) | 全磷(P) /(g/kg) | 全钾(K) /(g/kg) | CEC_7 | ECEC | 盐基饱和度/% | 铝饱和度/% | 游离氧化铁 /(g/kg) | 铁游离度 /% |
	H_2O	KCl					/[cmol(+)/kg 黏粒]					
0～14	5.0	4.1	8.7	0.53	0.20	10.68	32.8	35.0	31.5	14.6	9.1	26.2
14～61	5.7	4.0	5.5	0.40	0.20	12.38	40.0	41.6	20.5	14.1	11.3	29.8
61～127	5.5	3.9	4.8	0.35	0.21	12.78	45.4	46.5	20.0	10.0	13.6	33.5

第10章 新 成 土

10.1 普通潮湿砂质新成土

10.1.1 白马井系（Baimajing Series）

土　族：砂质硅质型非酸性高热性-普通潮湿砂质新成土
拟定者：漆智平，杨　帆，王登峰

分布与环境条件　分布于海南西北部沿海平原区沙丘区，地形呈波状起伏，海拔 60～120 m；滨海沉积物母质，植被以人工木麻黄防风林、甘蔗、番薯以及灌木草丛为主；热带干热性气候，年均日照时数为 2100～2200 h，年均气温为 24～25℃，年均降水量为1400～1500 mm。

白马井系典型景观

土系特征与变幅　诊断层为淡薄表层；诊断特性包括高热土壤温度状况、潮湿土壤水分状况、砂质沉积物岩性特征、氧化还原特征。土体厚度大于 1 m，由不明显淡薄表层和单粒状风积沙构成，具砂质沉积物岩性，单粒状风积沙，结持松散，pH 6.0～7.0。

对比土系　昌化系，不同土类，半干润土壤水分状况，为普通干润砂质新成土。

利用性能综述　土壤发育弱，土体结构简单，土层松散无结构，养分贫瘠，风力大，不宜农用。应培育木麻黄防风林，改善生态环境。若有淡水灌溉，可改造为旱地，种植番薯、花生、蔬菜等短期作物，注意培肥，提高作物产量。

参比土种　灰滨海沙土。

代表性单个土体　位于海南省儋州市白马井镇松鸣村，19°40′10.3″N，109°14′4.0″E，海拔 118 m，滨海台地，滨海沉积物母质，旱地，种植甘蔗。50cm 深度土温为 26.3℃。野外调查时间为 2009 年 11 月 25 日，编号为 46-007。

Ap: 0～19 cm，灰白色（5Y8/1，干），灰色（5Y6/1，润），砂土，粒状结构，松散，稍干，中量细根，向下平滑清晰过渡。

AC: 19～71 cm，灰白色（5Y8/2，干），灰白色（5Y8/1，润），砂土，粒状结构，松散，极少量极细根，中量锈纹锈斑，向下平滑渐变过渡。

C: 71～110 cm，灰白色（5Y8/2，干），淡灰色（5Y7/1，润），壤质砂土，松散无结构，向下出现地下水，水质稍咸。

白马井系代表性单个土体剖面

白马井系代表性单个土体土壤物理性质

土层	深度/cm	砾石(>2mm，体积分数)/%	细土颗粒组成 (粒径：mm)/(g/kg)			质地	容重/(g/cm³)
			砂粒 2～0.05	粉粒 0.05～0.002	黏粒 <0.002		
AP	0～19	0	931	16	53	砂土	1.51
AC	19～71	0	920	32	48	砂土	1.69
C	71～110	0	851	66	83	壤质砂土	—

白马井系代表性单个土体土壤化学性质

深度/cm	pH H₂O	pH KCl	有机碳/(g/kg)	全氮(N)/(g/kg)	全磷(P)/(g/kg)	全钾(K)/(g/kg)	CEC/[cmol(+)/kg]	交换性盐基/[cmol(+)/kg]	游离氧化铁/(g/kg)	铁游离度/%
0～19	6.1	5.1	0.7	0.09	0.34	0.03	0.37	0.30	0.27	14.6
19～71	6.6	5.2	0.4	0.11	0.42	0.06	1.24	0.35	0.83	46.1
71～110	6.7	5.1	0.3	0.04	0.66	0.03	1.75	1.26	1.24	30.9

10.2 普通干润砂质新成土

10.2.1 昌化系（Changhua Series）

土　　族：砂质硅质型非酸性高热性-普通干润砂质新成土
拟定者：龚子同，杜国华，黄成敏

分布与环境条件　分布于海南省西部沿海平原区的沙丘区，地形呈波状起伏，海拔低于 20 m；风积沙土母质，植被为人工木麻黄防风林；热带干热性气候，年均日照时数为 2000～2200 h，年均气温为 25～26℃，年均降水量为 1100～1300 mm。

昌化系典型景观

土系特征与变幅　诊断层为淡薄表层；诊断特性包括高热土壤温度状况、半干润土壤水分状况、砂质沉积物岩性特征。土体厚度大于 1 m，单粒状风积沙，结持松散，淡黄橙色（10YR），淡薄表层小于 10 cm，多量木麻黄根系，pH 5.0～6.0，阳离子交换量为 1～3 cmol(+)/kg，游离氧化铁含量低于 1 g/kg。

对比土系　白马井系，不同土类，潮湿土壤水分状况，为普通潮湿砂质新成土。

利用性能综述　地处滨海，质地轻，风蚀作用强，不宜农用，仅宜作防风固沙林用地。建议种植林、灌、草植被，加强固沙御风能力。

参比土种　固定沙土。

代表性单个土体　位于海南省昌江县昌化镇昌感村北 1 km，19°20′N，108°41′E，海拔 10 m，滨海平原上的坡状沙丘顶部，风积沙土母质，木麻黄林。50 cm 深土壤温度为 26.7℃。野外调查编号为 HW-14。

Ah： 0～6 cm，浊黄橙色（10YR7/3，干），砂土，单粒状结构，松散，多量中、细根，向下平滑扩散过渡。

AC： 6～25 cm，淡黄橙色（10YR8/3，干），砂土，单粒状结构，松散，中量中、细根，向下平滑扩散过渡。

C： 25～100 cm，淡黄橙色（10YR8/3，干），砂土，单粒状结构，松散。

昌化系代表性单个土体剖面

昌化系代表性单个土体土壤物理性质

土层	深度/cm	砾石(>2mm，体积分数)/%	细土颗粒组成 (粒径：mm)/(g/kg)			质地
			砂粒 2～0.05	粉粒 0.05～0.002	黏粒 <0.002	
Ah	0～6	0	982	1	17	砂土
AC	6～25	0	980	16	4	砂土
C	25～100	0	990	2	8	砂土

昌化系代表性单个土体土壤化学性质

深度/cm	pH H₂O	pH KCl	有机碳/(g/kg)	全氮(N)/(g/kg)	全磷(P)/(g/kg)	全钾(K)/(g/kg)	CEC/[cmol(+)/kg]	交换性盐基/[cmol(+)/kg]	游离氧化铁/(g/kg)	铁游离度/%
0～6	6.0	4.7	2.3	0.19	0.11	6.09	2.18	1.33	0.85	39.53
6～25	5.5	3.4	0.2	0.05	0.05	5.59	1.75	0.64	0.88	63.31
25～100	5.4	3.8	1.0	0.12	0.04	5.12	1.72	0.66	0.89	47.34

参 考 文 献

龚子同, 张甘霖, 漆智平. 2004. 海南岛土系概论. 北京: 科学出版社.

龚子同, 赵其国, 曾昭顺, 等. 1978. 中国土壤分类暂行草案. 土壤: 5.

龚子同, 周瑞荣. 1996. 土壤和土壤地理//赵焕庭. 南沙群岛自然地理. 北京: 科学出版社.

广州地理研究所. 1985. 海南岛热带自然资源图. 北京: 科学出版社.

海南省农业厅土肥站. 1994. 海南土壤. 海口: 三环出版社/海南出版社.

何金海, 石华, 陆行正, 等. 1958. 海南岛土壤调查报告. 土壤专报, (31): 1-64.

华南热带作物学院. 1985. 海南岛热带作物土壤图 (1:50000). 北京: 科学出版社.

黄全, 李意德, 赖巨章, 等. 1991. 黎母山热带山地雨林生物量研究. 植物生态学与地植物学学报, 15(3): 197-206.

蒋有绪, 卢俊培, 等. 1991. 中国海南岛尖峰岭热带林生态系统. 北京: 科学出版社.

柯夫达(Ковда Виктор Абромович). 1960. 中国之土壤与自然条件概论. 北京: 科学出版社.

梁继兴. 1988. 海南岛主要土壤类型概要. 热带作物学报, 9(1): 53-72.

林鹏, 林光辉. 1991. 几种红树植物的热值和灰分含量研究. 植物生态学与地植物学学报, 15(2): 114-120.

林鹏, 王恭礼. 1990. 海南岛河港海莲红树林凋落物动态的研究. 植物生态学与地植物学学报, 14(1): 69-74.

陆发熹. 1947. 广东西沙群岛之土壤及鸟粪磷矿. 土壤季刊, 6(3): 67-75.

陆行正, 黄宗道. 1983. 我国热带地区的开发与橡胶树栽培的土宜条件. 中国红壤. 北京: 科学出版社: 210-226.

石华, 侯传庆. 1964. 广东省土壤区划, 中国科学院华南热带生物资源综合考察队土壤研究所.

石华. 1986. 海南岛土壤图(1:1000000)// 熊毅, 李锦. 中国土壤图集, 北京: 地图出版社.

吴仲民, 卢俊培, 杜志鹄. 1994. 海南岛尖峰岭热带山地雨林及其更新群落的凋落物量与贮量. 植物生态学报, 18(4): 306-313.

伍世平. 1990. 海南岛热带草地的数量分类和排序研究. 植物生态学与地植物学学报, 14(4): 388-392.

席连之. 1947. 南沙群岛土壤纪要. 土壤季刊, 6(3): 77-81.

永田武雄. 1941. 海南岛土壤调查报告. 日本土壤肥料学杂志, 15(12): 627-653.

张甘霖, 龚子同, 2012. 土壤调查实验室分析方法. 北京: 科学出版社.

张甘霖, 李德成. 2016. 野外土壤描述与采样手册. 北京: 科学出版社.

张甘霖, 王秋兵, 张凤荣, 等. 2013. 中国土壤系统分类土族和土系划分标准. 土壤学报, 50(4): 826-834.

张仲英, 刘瑞华, 韩中元. 1987. 海南岛沿海的第四纪地层. 热带地理, 7(1): 54-64.

赵其国, 王明珠, 何园球. 1991. 我国热带亚热带森林凋落物及其对土壤的影响. 土壤, 23(1): 8-15.

赵文君, 陈志成. 1993. 海南岛主要土壤的类型鉴别与检索. 中国土壤系统分类进展. 北京: 科学出版社.

郑坚端. 1992. 海南岛文昌县滨海沙土草地植被的研究. 植物生态学与地植物学学报, 16(2): 174-186.

中国科学院南京土壤研究所土壤分类课题组. 1985. 中国土壤系统分类初拟. 土壤, 17(6): 12-40.

中国科学院南京土壤研究所土壤系统分类课题组, 中国土壤系统分类课题研究协作组. 1991. 中国土壤系统分类(首次方案). 北京: 科学出版社.

中国科学院南京土壤研究所土壤系统分类课题组. 1995. 中国土壤系统分类(修订方案). 北京: 中国农

业科技出版社.

中国科学院南京土壤研究所土壤系统分类课题组, 中国土壤系统分类课题研究协作组. 2001. 中国土壤
　　系统分类检索(第三版). 合肥: 中国科学技术大学出版社.

FAO-Unesco Soil Map of the World. 1988. Revised Lenged. Rome.

Gong Z, Liu L, Zhou R, et al. 1995. Soil in island of the South China Sea and their ages//Scientia Geologica
　　Sinica, S (1), Beijing: Science Press.

Gong Z, Zhang G, Zhou R, et al. 1998. Formation and evolution of soils on South China Sea Islands. //Mrton
　　B.(ed), the Marine Biology of South China Sea, Hong Kong: Hong Kong University Press.

ISSS, ISRIC, FAO. 1998. World Reference Base for Soil Resources. Compiled and edited by Spaargaren O.C.
　　Wageningen/Rome.

ISSS, ISRIC. 1995. Reference Soils of Tropical China (Hainan Island) Soil Brief CN4, Wageningen.

ISSS, ORSTOM. 1995. Transect studies and development of classification criteria. OSTOM, Paris.

Soil Survey Staff. 1999a. Soil Taxonomy. (2nd edn). Soil Conservation Service. U.S. Dept. Agric. Agriculture
　　Handbook No. 436. U.S. Govt. Pr. Off., Washington, D.C., U.S.A.

Soil Survey Staff. 1999b. Soil Taxonomy. (2nd edn) U.S. Dep. Agriculture Handlook No. 436, Washington.

Thorp J. 1936. 中国之土壤. 李庆逵, 李连捷译. 土壤特刊乙种第 1 号, 南京: 实业部地质调查所印行.

附录　海南岛土系与土种参比表

土系	参比土种	土系	参比土种	土系	参比土种
八所系	浅海低青泥田	感城系	滨海沙土田	南坤系	麻赤红土
白莲系	灰赤沙泥	高峰系	中安赤土	南排系	黄赤土田
白马井系	灰滨海沙土	高龙系	中火山灰土	南阳系	页赤土田
白茅系	黄赤土田	光村系	赤土	农兰扶系	黑泥散田
邦溪系	麻褐赤土	光坡系	浅海低青泥田	排浦系	浅黄赤土
宝芳系	浅海赤土田	海英系	灰浅海赤土	坡寿系	浅燥红土
保城系	麻赤土田	好保系	麻赤红土	青松系	麻赤红土
保良系	洪积沙泥田	和乐系	浅海泥肉田	荣邦系	中紫色土
报英系	浅燥红土	和庆系	麻赤土	三道系	麻低青泥田
北芳系	中麻赤土	加钗系	麻赤土	上溪系	页黄赤土
北埔系	河青泥格田	加富系	浅海燥红土田	石坑系	麻赤土田
博厚系	灰赤土	加乐系	洪积沙泥田	石屋系	页黄赤土
彩云系	灰潮沙泥土	加柳坡系	灰黄赤土	塔洋系	潮沙泥田
昌化系	固定沙土	加茂系	麻赤坺土田	藤桥系	潮沙泥田
长流系	浅燥红土	九所系	滨海砂质田	提蒙系	滨海沙土田
长坡系	浅海赤土田	居便系	中页褐赤土	天涯系	麻赤土
畅好系	麻赤坺土田	兰洋系	页赤土田	田独系	河沙泥田
晨新系	灰麻赤红土	黎安系	浅海青泥格田	五尧系	灰浅黄赤土
冲南系	安赤土田	利国系	浅海赤土田	西华系	灰紫色土
冲坡系	滨海砂质田	龙浪系	灰浅黄赤土	细水系	中页赤土
冲山系	麻赤坺土田	龙塘系	潮沙泥田	新安系	固定沙土
打波系	页青泥格田	罗豆系	浅海赤土田	新联系	潮沙泥田
打和系	灰麻赤土	落基系	中麻赤土	新让系	麻燥红土
大安系	谷积沙泥田	美丰系	黄赤土田	新政系	麻黄赤土
大成系	灰麻赤土	美富系	火山灰石质土	崖城系	浅海赤土田
大里系	麻黄赤土	美汉系	潮沙泥田	雅亮系	中赤土
大茅系	中页赤土	美夏系	浅海赤土田	雅星系	麻赤土田
大位系	浅黄赤土	美扬系	麻赤土	育才系	冷底田
东成系	潮沙泥土	木棠系	顽泥田	元门系	灰紫色土
东江系	灰赤土	南丰系	中页赤土	祖关系	灰麻赤土
府城系	河沙泥田	南开系	页赤红土	遵谭系	赤青泥格田